科学与工程计算技术丛书

控制系统分析与应用

基于MATLAB/Simulink的仿真与实现

周振超 冯暖 王丹 谷崇林 编著

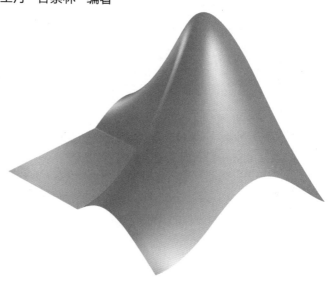

清华大学出版社

北京

内 容 简 介

本书以 MATLAB R2023b 为仿真平台，以自动控制系统为主线，以 MATLAB 为辅助工具，系统介绍了被控对象的稳定性和控制系统的优化设计，力求解决自动化及工程应用问题。主要内容包括 MATLAB 概述、程序设计基础、数值计算、图像绘制、Simulink 仿真，自动控制系统的时域、频域和根轨迹分析，以及 PID 控制器的设计。

本书内容丰富、阐述透彻、层次分明、通俗易懂、循序渐进，系统性和应用性强。

本书可作为高等院校控制工程、通信工程、机械设计、电子信息等专业的教学用书，也可作为相关领域的研究人员和工程技术人员的参考用书。

图书在版编目（CIP）数据

控制系统分析与应用 ：基于 MATLAB/Simulink 的仿真
与实现 / 周振超等编著. -- 北京 ：清华大学出版社，
2024.9. --（科学与工程计算技术丛书）. -- ISBN 978-
7-302-67218-0

Ⅰ. TP273

中国国家版本馆 CIP 数据核字第 20249B4993 号

责任编辑：盛东亮　古　雪
封面设计：李召霞
责任校对：王勤勤
责任印制：刘海龙

出版发行：清华大学出版社
　　　　网　　　址：https://www.tup.com.cn，https://www.wqxuetang.com
　　　　地　　　址：北京清华大学学研大厦 A 座　　　邮　　编：100084
　　　　社 总 机：010-83470000　　　　　　　　邮　　购：010-62786544
　　　　投稿与读者服务：010-62776969，c-service@tup.tsinghua.edu.cn
　　　　质量反馈：010-62772015，zhiliang@tup.tsinghua.edu.cn
　　　　课件下载：https://www.tup.com.cn,010-83470236
印 装 者：三河市人民印务有限公司
经　　销：全国新华书店
开　　本：186mm×240mm　　印　张：13.75　　　　字　　数：306 千字
版　　次：2024 年 9 月第 1 版　　　　　　　　　　印　　次：2024 年 9 月第 1 次印刷
印　　数：1～1500
定　　价：59.00 元

产品编号：106654-01

前　言

MATLAB 是一个用于科学研究与工程应用分析和设计的商业化数学软件。MATLAB 语言是集数值计算、符号运算、可视化建模、仿真和图形处理等功能于一体的高级计算机语言。Simulink 是 MATLAB 软件的扩充,用于对多领域动态和嵌入式系统进行仿真和模型设计的图形化环境,主要应用于工程计算、控制设计、信号处理与通信、图像处理、信号检测、金融建模设计与分析等领域。

在国内,MATLAB 语言也越来越受到院校师生、科研人员和工程技术人员的青睐,并在教学、科研和工程技术中得到了广泛的应用,成为本科生、研究生必须掌握的基本技能之一。

本书作者将十几年的 MATLAB 理论教学、研究和实际编程经验进行系统地总结,参考以往的 MATLAB 专著和教材,将 MATLAB 软件的新版本 R2023b 与自动化应用融为一体,精心编写了本书。

本书以 MATLAB 系统的分析和设计为对象,以 MATLAB 为工具,既介绍了控制系统的特点与分析方法,又介绍了利用 MATLAB 解决各种控制问题的方法,做到了理论与实践相结合。本书以 MATLAB 为主线,内容紧扣自动控制原理。书中内容丰富、阐述透彻、层次分明、通俗易懂、循序渐进、系统性和应用性较强。

全书共 10 章。第 1 章为 MATLAB 概述;第 2 章为 MATLAB 程序设计基础,介绍了数组和矩阵的基本运算,以及程序设计;第 3 章为 MATLAB 的数值计算,介绍了多项式和方程式的相关知识;第 4 章为 MATLAB 的图像绘制,主要介绍了二维、三维图形的绘制和图形窗口界面;第 5 章为 Simulink 仿真,介绍了仿真模型的建立,以及子系统的创建与封装;第 6 章为控制系统数学模型及其 MATLAB 描述,介绍了传递函数建立及其 MATLAB 描述;第 7 章为 MATLAB 在控制系统中的时域分析,介绍了系统的阶跃响应、二阶系统模型的 MATLAB 描述及高阶系统稳定性分析;第 8 章为 MATLAB 在控制系统中的根轨迹分析,介绍了根轨迹的绘制与分析和其他形式根轨迹及根轨迹设计;第 9 章为 MATLAB 在控制系统中的频域分析,介绍了 Nyquist 图、Bode 图的绘制规则和图的修饰;第 10 章为 MATLAB 在 PID 控制器中的应用。

本书由周振超、冯暖、王丹、谷崇林编著,全书由周振超统稿。其中,周振超编写了第 1 章、第 9 章和第 10 章,冯暖编写了第 7 章和第 8 章,王丹编写了第 4～6 章,谷崇林编写了第 2 章和第 3 章。

本书的编写与出版得到了清华大学出版社的大力支持,书中还参考借鉴了许多学者和专家的著作及研究成果,在此一并表示衷心的感谢。

由于编者水平有限,书中难免有错误和不妥之处,敬请广大读者不吝指正。

编　者

2024 年 2 月

目录

目录

目录

目录

目录

MATLAB 是美国 MathWorks 公司出品的商业化数学软件，主要应用于数据分析、无线通信、深度学习、图像处理、信号处理、量化金融与风险管理、机器人、控制系统等领域。本章主要介绍 MATLAB 的简介、工作环境和通用命令。

1.1 MATLAB 简介

下面主要介绍 MATLAB 的发展情况、优缺点和应用程序等内容。

1.1.1 MATLAB 的发展

MATLAB 由美国新墨西哥（New Mexico）大学计算机科学系的主任 Cleve Moler 教授开发，他在 1965 年发表的博士论文中使用的一个示例——L 形曲面，成为现在 MathWorks 公司使用的徽标。

Cleve Moler 当时在美国阿贡国家实验室（Argonne National Laboratory）参与了两个数值计算软件包的开发，即用于求取矩阵特征值的 EISPACK 和用于求解线性系统的 LINPACK。同时，他也在新墨西哥大学讲授数值分析和矩阵论的课程。为了让学生既能够在计算机上进行实践，又能免除编写程序的麻烦，他利用 FORTRAN 语言和 EISPACK 及 LINPACK 的部分功能，编写了最初版本的 MATLAB。这个版本的 MATLAB 仅包含 80 个数学函数，只能在字符界面上绘制粗略的曲线图，而且缺少 M 文件和工具箱等成熟版本 MATLAB 的核心部分。它所关注的是与矩阵有关的计算，这一点从 MATLAB（Matrix Laboratory，矩阵实验室）的名称也能看出来。

在 MATLAB 向商业化软件的转变过程中，自动控制工程师 Jack Little 扮演了重要角色。他是首个商业化 MATLAB 软件的主要开发者。1981 年，IBM 公司推出首款个人计算机后，Jack Little 迅速意识到 MATLAB 在个人计算机上的应用前景，并与 Steve Bangert 用 C 语言改写了 MATLAB,而 M 文件、工具箱以及更为强大的图形绘制功能等重要特性也在这时加入了 MATLAB。1984 年,Cleve Moler、Jack Little 和 Steve Bangert 在美国加利福尼亚州成立了 MathWorks 公司,总部位于美国马萨诸塞州纳蒂克,是为工程师和科学家提供数学计算软件的领先供应商,旗下产品包括 MATLAB 产品家族、Simulink 产品家族及 PolySpace 产品家族。

自那以后,MATLAB 便迅速发展,成为一个强有力的科学与工程领域的应用软件。它不仅用于解决矩阵与数值计算方面的问题,而且已经成为集数值与符号计算、数据可视化、图形界面设计、程序设计、仿真等功能为一体的集成软件平台。此外,在教育领域,MATLAB 也成为高等数学、线性代数、概率论与数理统计、数值分析、数学建模、自动控制系统设计与仿真、信号与图像处理、测试和测量、财务建模和分析、通信系统仿真乃至大学物理、计算生物学、计量经济学等广泛课程的重要教学和实践工具,为众多的研究者与学习者所熟悉。MATLAB 附加的工具箱拓展了其使用环境,使其能够解决这些应用领域内特定类型的问题。

Simulink 是一个用于对动态系统进行多域建模和模型设计的平台。它提供了一个交互式图形环境及一个自定义模块库,并可针对特定应用加以扩展,可应用于控制系统设计、信号处理和通信及图像处理等众多领域。

1.1.2　MATLAB 的优点

MATLAB 作为一种科学计算软件,具有如下优点。

1. 强大的数学计算能力,特别是矩阵运算能力

与 C/C++、Java 等编程语言不同,MATLAB 是将数组和矩阵作为基本的操作单元来对待的。因此,在 C/C++等编程语言中,加法运算符"+"在最基础的层面上支持的仅仅是单个标量的加法运算。尽管 C++、Java 等面向对象的编程语言可以通过操作符重载来定义更为复杂的"+"运算,但是这需要编程者额外的编程工作,或者其他库的支持。而 MATLAB 编程语言直接将数组和矩阵这样的批量数据的组织形式作为基本的处理单元,因此,在 MATLAB 中,"+"表示的就是整个数组和矩阵之间的加法,这是 MATLAB 内生的特性,不需要编程者额外进行任何工作,从而极大地简化了数组和矩阵运算的编程任务,也使得其表达形式与数学公式更为一致,同时也更为简明清晰。

不仅如此,MATLAB 数组和矩阵的元素还可以取复数值而不限于实数值,从而使复数相关的运算也变得十分简便。

此外,由于 MATLAB 从最初版开始就关注矩阵运算,因此其矩阵运算包括特征根与特征矢量的求取、矩阵求逆等常用的核心运算,并且都具有极高的运行效率。实际上,MATLAB 在矩阵相关运算方面,一直都是主要编程语言中最为高效者之一。

2．语言特性简洁，编程效率高

MATLAB 编程语言本身简洁明了，没有引入太多复杂的特性，与 C++这样面向对象的编程语言相比优势显得尤为突出。此外，MATLAB 中的数组和矩阵实际上都是"动态"的，因此，在内存管理方面编程者几乎不需要负担多少工作。尽管在空间和时间效率上不一定能保证是最优的，但是不用进行内存管理，将明显减少程序发生内存相关错误的可能，从而使得编程者的代码编写和调试工作变得更为简单和轻松，编程效率可以显著提高，编程者能够将更多精力集中在如何解决实际问题上，而不是陷在编程语言本身的技术细节之中。

同时，MATLAB 将数组和矩阵作为基本操作单元的处理方式，也使得与批量数据的运算和处理有关的程序变得更为简洁，编程工作量更少。在掌握了 MATLAB 的矢量化运算技巧之后，在 C 或 Java 中需要一层甚至是多层嵌套的循环才能完成的运算，在 MATLAB 中也许仅需要寥寥几行就能实现。

3．交互性好，使用方便

MATLAB 又被称为"草稿纸式的计算软件"，它的基本使用方式是命令行式的。在命令行窗口中输入一条命令，马上就能执行该命令，并且根据用户的需要可以显示计算的结果。这条命令本身可以是执行一项复杂、完整的计算任务的函数调用，也可以是一个复杂处理过程中的中间步骤。而利用 C/C++或 Java 等编程语言编程时，在编写了完整或部分的代码后，需要经过编译、链接等操作产生可执行程序，然后才能够实际运行和看到结果。

另外，MATLAB 的不同程序间的互相调用也十分方便和简单。它提供的每个 M 文件既是一个函数模块，也是一个完整的可执行程序。因此，它们既可以单独用来执行一项特定的任务，也可以组合起来构成更为复杂的程序。以 MATLAB 工具箱为例，每个工具箱通常由存放在特定目录下的一系列 M 函数构成，这个目录实际上起到了在其他编程语言中函数库的作用。

4．绘图能力强大，能够利用数据可视化有效辅助研究分析

利用 MATLAB 可以方便地绘制多种常用的二维图形和三维图形，如曲线图、散点图、饼图、柱状图、三维曲线/三维曲面图、伪彩色图等。这些图形不但能提供大量数据的直观表示，而且更便于揭示数据间的内在关系。

5．为数众多的应用程序（也称工具箱）

MATLAB 除了拥有基本的数学计算功能，还提供了大量针对特定功能和特定应用领域的工具箱。例如，在 MATLAB R2020a 中，提供了包括曲线拟合工具箱、最优化工具箱、符号数学工具箱、统计与机器学习工具箱、深度学习工具箱、强化学习工具箱、并行计算工具箱，以及针对信号处理、图像处理与机器视觉、控制系统、测试测量、射频与混合信号、无线通信、自主系统、FPGA 等硬件开发、汽车、航空航天、计算金融学和计算生物学等特定应用领

域的工具箱,多达 60 余个。此外,还包括用于仿真和代码生成等功能的软件和函数或模块库,数量也多达数十个。这些工具箱直接提供了相关领域的大量较为成熟的算法,从而使得研究者与开发者能够迅速在这些已有成果的基础上,构建自己的解决方案或新的算法。

6. 开放性好,便于扩展

大量 MATLAB 工具箱函数都是以 M 文件的形式提供的,因此,其具体实现都是公开的,而且用户可根据自己的需要加以修改。这些公开的代码不仅为用户对其进一步改进提供了很好的基础,而且用户还能够通过阅读这些代码,更好地理解相关的算法。

以 M 文件为基本模块的工具箱组织方式,也使得用户能够构建自己的工具箱,或进一步搭建起基于 MATLAB 的二次应用环境。

MATLAB 的开放性还体现在它与其他编程语言和工具软件的交互上。MATLAB 提供了 C 语言和 FORTRAN 语言的 API 函数库,开发者可以利用这些 API 函数,使用 C 语言或 FORTRAN 语言来实现有关算法,然后把它们编译为可在 MATLAB 中执行的 MEX 函数模块。

MATLAB 还通过 COM 接口对外提供计算服务,其他的应用程序可以通过该 COM 接口调用 MATLAB 的计算功能,从而使得 MATLAB 可以作为一个强大的后台计算引擎来发挥作用。例如,用户可以利用 C++、VB 等语言来编写应用程序,然后在其中调用 MATLAB 以完成复杂或性能敏感的计算任务。

MATLAB 也可以对 Java 类进行操作和使用。同时,由于 MATLAB 具有强大的功能并构建了应用生态,不少其他的工具软件也提供了与 MATLAB 兼容的接口。例如,在 LabVIEW 中就可以利用 MATLAB 语言来编写模块以执行有关的计算功能。

7. C/C++代码生成功能

MATLAB 能自动将 M 代码转换为可靠的 C/C++语言代码。通过这一功能,开发者可以利用 MATLAB 高效便捷地进行算法的实现、调试与验证,之后再自动转换为 C/C++代码,就能够将所实现的算法用于需要的程序中,从而极大地减少编写和调试程序的工作量。

8. 帮助功能完整

MATLAB 自带的帮助功能非常强大,拥有完善的帮助手册。

1.1.3 MATLAB 的缺点

尽管 MATLAB 具有上述优点,但是其缺点也是较为明显的。

1. 价格昂贵

作为一款功能强大的数学计算软件,MATLAB 的价格十分昂贵。实际上,除了

MATLAB 核心软件,MATLAB 的多数工具箱都是单独计价的。如果要将这些工具箱全部配齐,整个软件的价格甚至将达到数十万元。这一昂贵的价格在相当程度上限制了MATLAB 的使用。在各种开源软件不断涌现的今天,MATLAB 昂贵的价格已经催生出了若干功能类似的其他软件。有些开源工具在部分功能和计算效率上都已经达到了与MATLAB 比高低的程度,也因此逐步扩大了它们在数学计算方面的流行度。

2. 体积庞大,对计算机性能要求高

随着 MATLAB 功能的不断增加,工具箱数量的不断增多,其完整安装所需的空间也越来越大。以 MATLAB R2012a 为例,其完整安装约需要 5.7GB 的硬盘空间。同时,MATLAB 对于计算机的 CPU 和内存的要求也随着版本的提高而提高。因此,如果仅仅希望以 MATLAB 作为应用程序的后台计算引擎,上述的硬件开销一般都是偏大的。

3. 在某些特定应用领域中的表现不及其他软件

MATLAB 的优势主要体现在以矩阵计算为核心的科学计算与仿真上,但是在一些相对更新的应用领域,由于其基础架构的问题,因此表现不见得是最佳的。例如,在大数据处理和深度学习方面,MATLAB 尽管在最新的版本中也提供了工具箱支持,但是其功能和性能相比于 Python 语言及相关的第三方工具包或应用框架等还有一些差距。在这些领域的研究者中,其使用者所占的比例也较小。

4. 语言本身的计算效率存在不足

一般而言,MATLAB 内置的计算函数的效率都足够高效,但是对于利用 MATLAB 进行开发的程序员来说,如果需要提高所编写程序的效率,就需要掌握更多的技巧。

在 MATLAB 的较早期版本中,影响程序效率的一个典型因素,就是利用循环的方式对数组中的每个元素进行处理。由于在 MATLAB 中,哪怕是基本的算术运算,也会被解释为对 MATLAB 相应内置函数的一次调用,因此,在利用循环逐元素进行操作时,函数调用带来的计算开销将远大于这一计算本身的实际开销,从而使得程序的运行速度显著下降。因此,在较早期的 MATLAB 版本中,如何利用矢量化技术减少循环的数量是提高程序效率的一个重要技巧,甚至在很多应用中,为了能利用矢量化技术带来的高效率,往往使代码本身变得晦涩难懂,进而影响了程序的可读性。尽管在较新的版本中,MathWorks 公司已经极大地提升了 MATLAB 中循环的执行效率,但是这一问题仍然没有得到解决。

此外,还有一种提高效率的方式,即使用 MEX 编程,利用 C/C++语言编写对性能影响最为显著的算法核心部分,把它编译为 MEX 模块后再在 M 函数中加以调用。不过,这种方式不仅需要程序员熟悉 C/C++编程,还会使整个程序的组织结构显得较为零散,不便于阅读和理解,而且 MEX 模块的调试并不是十分方便。

尽管存在上述缺点,MATLAB 仍然以其高效的计算、便捷的交互、强大的可视化能力和众多工具箱的有力支持,在科学研究与技术开发中扮演着重要的角色。

1.1.4 MATLAB 应用程序

应用程序是 MATLAB 的重要部分,是 MATLAB 强大功能得以实现的载体和手段,是对 MATLAB 基本功能的重要扩充。

提示:MATLAB 会不定时更新应用程序,读者可到 MathWorks 的官方网站中了解 MATLAB 应用程序的最新动态。

应用程序可以分为功能性应用程序和学科性应用程序。其中,功能性应用程序用来扩充 MATLAB 的符号计算、可视化建模仿真,以及与硬件实时交互等功能,能用于多种学科;学科性应用程序是专业性比较强的应用程序,如控制工具箱、信号处理与通信工具箱等都属于此类应用程序。

MATLAB R2023b 是 MathWorks 公司新发布的版本,为 Mac 操作系统提供了许多新功能和改进。以下是 MATLAB R2023b 针对 Mac 平台的一些主要特点:

(1)改进的性能:提供了更快的计算速度和更高的效率。

(2)用户界面增强:新版本引入了一种全新的深色模式,使界面更加现代和易于阅读。还改进了编辑器的功能,增加了一些实用的快捷键和工具。

(3)新的工具箱:引入了一些新的工具箱,包括深度学习工具箱、自动驾驶系统工具箱和通信工具箱等。这些工具提供了更多的功能和算法,能帮助用户解决更复杂的问题。

(4)自定义图形和可视化:提供了更多的图形和可视化选项,使用户能够更好地展示和分析数据。还增加了一些交互式工具,方便用户进行数据探索和分析。

(5)云集成和协作:增强了与云平台的集成,使用户能够更方便地在 MATLAB 和云服务之间进行数据和代码的共享。此外,新版本还改进了团队协作功能,使多个用户可以同时在同一个项目上进行工作。

总的来说,MATLAB R2023b 提供了更多的功能和改进,使用户能够更轻松地进行数值计算、数据分析和科学编程。

在 MATLAB R2023b 版本中,展开的应用程序如图 1-1 所示。

科学计算中常用的工具箱所包含的主要内容如下。

1. 样条工具箱

- 分段多项式和 B 样条。
- 样条的构造。
- 曲线拟合及平滑。
- 函数微积分。

2. 优化工具箱

- 线性规划和二次规划。

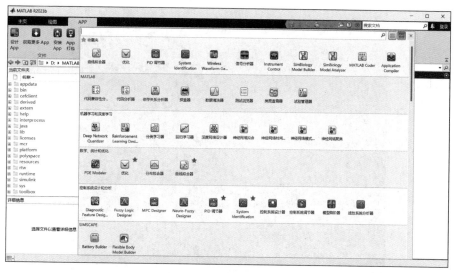

图 1-1　展开的应用程序

- 求函数的最大值和最小值。
- 多目标优化。
- 约束条件下的优化。
- 非线性方程求解。

3．偏微分方程工具箱

- 二维偏微分方程的图形处理。
- 几何表示。
- 自适应曲面绘制。
- 有限元方法。

1.2　MATLAB 工作环境

用户可以双击桌面上的 MATLAB 快捷图标，也可以在 MATLAB 安装目录的 bin 文件夹下双击 MATLAB.exe 图标，启动 MATLAB R2023b，出现启动界面，如图 1-2 所示。启动后，弹出 MATLAB 的主界面，如图 1-3 所示。

MATLAB R2023b 主界面即用户工作环境，包括选项卡、组、按钮和各个不同用途的窗口。本节主要介绍 MATLAB 各交互界面的功能及其操作。

1.2.1　选项卡

MATLAB 中包含"主页""绘图""APP"3 个选项卡。其中，"绘图"选项卡提供数据的绘

图 1-2　MATLAB 的启动界面

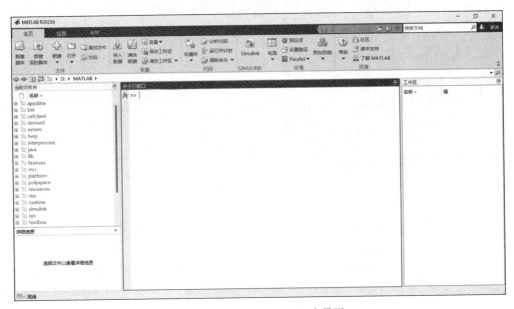

图 1-3　MATLAB R2023b 主界面

图功能；"APP"选项卡提供各应用程序的入口；"主页"选项卡下包括"文件""变量""代码""SIMULINK""环境""资源"6 个组，提供的部分功能如下。

- 新建：用于建立新的.m 文件(也称 M 文件)、图形、模型和图形用户界面。
- 新建脚本：用于建立新的.m 脚本文件。
- 打开：用于打开 MATLAB 的.m 文件、.fig 文件、.mat 文件、.mdl 文件、.cdr 文件等，也可通过快捷键 Ctrl＋O 实现此项操作。
- 导入数据：用于从其他文件中导入数据，单击后弹出对话框，从中可选择导入文件的路径和位置。
- 保存工作区：用于把工作区的数据存放到相应的路径文件中。
- 布局：提供工作界面上各个组件的显示选项，并提供预设的布局。
- 预设项：用于设置 MATLAB 界面窗口的属性，默认为命令行窗口属性。单击预设项按钮 ⊚ ，弹出如图 1-4 所示的对话框。
- 设置路径：设置工作路径。
- 帮助：打开帮助文件或其他帮助形式。

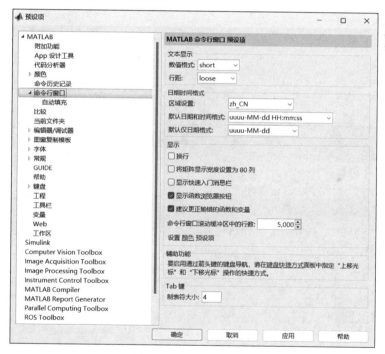

图 1-4　"预设项"对话框

1.2.2　命令行窗口

　　命令行窗口是 MATLAB 最重要的窗口，通过该窗口可以输入各种指令、函数、表达式等，所有的命令输入都是在命令行窗口内完成的，如图 1-5 所示。

　　注意：">>"是运算提示符，表示 MATLAB 处于准备状态，等待用户输入指令进行计

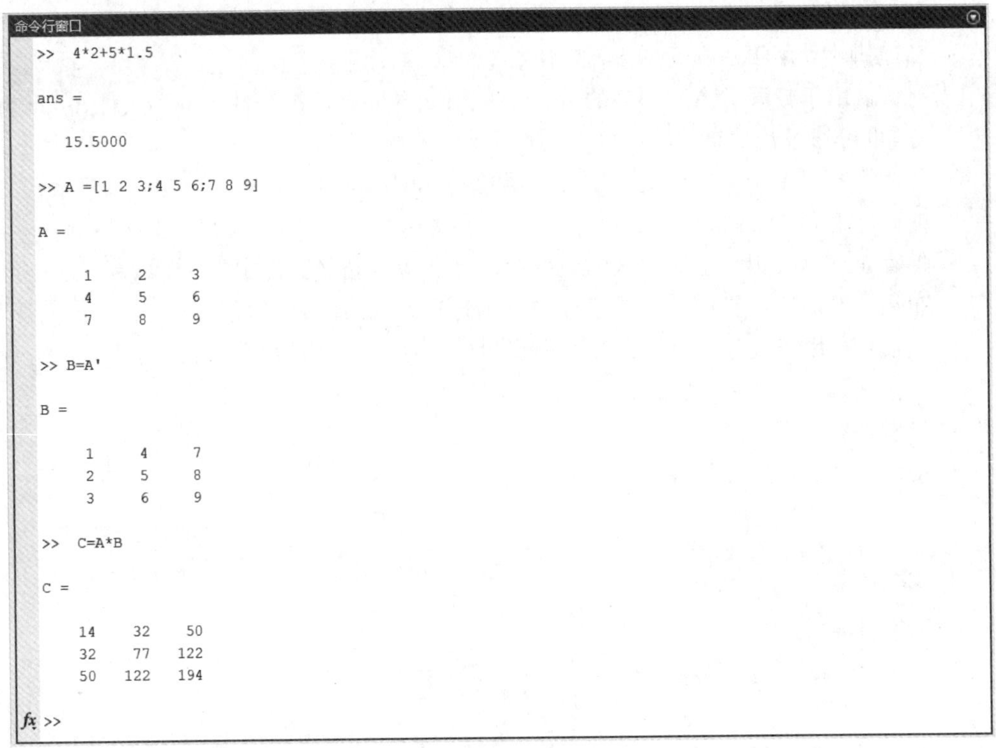

```
命令行窗口

>> 4*2+5*1.5

ans =

   15.5000

>> A =[1 2 3;4 5 6;7 8 9]

A =

     1     2     3
     4     5     6
     7     8     9

>> B=A'

B =

     1     4     7
     2     5     8
     3     6     9

>> C=A*B

C =

    14    32    50
    32    77   122
    50   122   194

fx >>
```

图 1-5　命令行窗口

算。当在运算提示符后输入命令,并按 Enter 键确认后,MATLAB 会给出计算结果,并再次进入准备状态。本书中,凡是程序代码前有"＞＞"运算提示符的均表示在命令行窗口中输入。

单击命令行窗口右上角的下三角形图标并选择"取消停靠"选项,可以使命令行窗口脱离 MATLAB 主界面而成为一个独立的窗口;同理,单击独立的命令行窗口右上角的下三角形图标并选择"停靠"选项,可使命令行窗口再次合并到 MATLAB 主界面中。

1.2.3　工作区窗口

工作区窗口显示当前内存中所有的 MATLAB 变量的变量名、数据结构、字节数及数据类型等信息,如图 1-6 右侧区域所示,工作区窗口位于命令行窗口的右侧。不同的变量类型分别对应不同的变量名图标。

用户可以选中已有变量,右击鼠标对其进行各种操作。此外,主界面的"主页"选项卡下的"变量"组中也有相应的命令供用户使用。

- 新建变量:向工作区中添加新的变量。
- 导入数据:向工作区中导入数据文件。

图 1-6　工作区窗口

- 保存工作区：保存工作区中的变量。
- 清空工作区：删除工作区中的变量。

1.2.4　MATLAB 帮助系统

帮助文档是应用软件的重要组成部分，文档编制的质量直接关系到应用软件的记录、控制、维护和交流等一系列工作。帮助系统包括纯文本帮助和演示帮助。

对于 MATLAB 中的各个函数，不管是内建函数、M 文件函数，还是 MEX 文件函数，一般都有 M 文件的使用帮助和函数功能说明，各个工具箱在通常情况下也具有一个与工具箱名称相同的 M 文件来说明工具箱的构成内容。

在 MATLAB 命令行窗口中，可以通过一些命令来获取这些纯文本的帮助信息。这些命令包括 help、lookfor、get、which、doc 和 type 等。

help 命令的常用调用方式为

help FUN

执行该命令可以查询到 FUN 函数的使用信息。例如，想要了解 cos 函数的使用方法，可以在命令行窗口中输入如下代码：

>> help cos

显示如下信息：

cos - 以弧度为单位的参数的余弦
　　此 MATLAB 函数返回 X 的每个元素的余弦。cos 函数按元素处理数组。该函数同时接受实数和复数输入。对于 X 的实数值，cos(X) 返回区间 [-1, 1] 内的实数值。对于 X 的复数值，cos(X) 返回复数值。

    Y = cos(X)
    输入参数
        X － 输入角(以弧度为单位)
                标量｜向量｜矩阵｜多维数组
    输出参数
        Y － 输入角的余弦
                标量｜向量｜矩阵｜多维数组

通过演示(demos)帮助,用户可以更加直观、快速地学习 MATLAB 中许多实用的知识。可以通过以下两种方式打开演示帮助。

(1) 单击 MATLAB 主界面右上方工具栏中的"帮助"按钮。

(2) 在命令行窗口中输入:

```
>> demos
```

无论采用上述何种方式,执行命令后都会弹出帮助窗口,如图 1-7 所示。

图 1-7　帮助窗口

1.3　MATLAB 通用命令

通用命令是 MATLAB 中经常使用的一组命令,可以用来管理目录、命令、函数、变量、工作区、文件和窗口。为了更好地使用 MATLAB,用户需要熟练掌握和理解这些命令。下面对这些命令进行介绍。

1.3.1 常用命令

常用命令及其说明如表 1-1 所示。

表 1-1 常用命令及其说明

命 令	命 令 说 明	命 令	命 令 说 明
cd	显示或改变当前文件夹	load	加载指定文件的变量
dir	显示当前文件夹或指定目录下的文件	diary	日志文件命令
clc	清除命令行窗口中的所有显示内容	home	将光标移至命令行窗口的左上角
quit/exit	退出 MATLAB	clf	清除图形窗口
type	显示文件内容	pack	收集内存碎片
clear	清理内存变量	hold	图形保持开关
echo	命令行窗口信息显示开关	path	显示搜索目录
disp	显示变量或文字内容	save	保存内存变量到指定文件
who	只列出工作空间中的变量名	whos	列出工作空间中的变量名、大小、类型

1.3.2 输入内容的编辑

在命令行窗口中,为了便于对输入的内容进行编辑,MATLAB 提供了一些控制光标位置和进行简单编辑的常用键与组合键,掌握这些按键的用法可以在输入命令的过程中起到事半功倍的效果。表 1-2 列出了一些常用键盘按键及其说明。

表 1-2 常用键盘按键及其说明

键盘按键	说 明	键盘按键	说 明
↑	Ctrl+P,调用上一行	Home	Ctrl+P,调用上一行
↓	Ctrl+N,调用下一行	End	Ctrl+E,光标置于当前行末尾
←	Ctrl+B,光标左移一个字符	Esc	Ctrl+U,清除当前输入行
→	Ctrl+F,光标右移一个字符	Delete	Ctrl+D,删除光标处的字符
Ctrl+←	Ctrl+L,光标左移一个单词	BackSpace	Ctrl+H,删除光标前的字符
Ctrl+→	Ctrl+L,光标右移一个单词	Alt+BackSpace	恢复上一次删除

1.3.3 标点

在 MATLAB 语言中,一些标点符号也被赋予了特殊的意义或代表一定的运算,具体内容如表 1-3 所示。

表 1-3　MATLAB 语言中的标点及其说明

标点	说　　明	标点	说　　明
:	冒号,具有多种应用功能	%	百分号,注释标记
;	分号,区分行及取消运行结果显示	!	叹号,调用操作系统运算
,	逗号,区分列及作为函数参数分隔符	=	等号,赋值标记
()	圆括号,指定运算的优先级	'	单引号,字符串的标识符
[]	方括号,定义矩阵	.	小数点及对象域访问
{}	花括号,构造元胞数组	...	续行符号

本章习题

1．MATLAB 系统由哪些部分组成?

2．MATLAB 操作桌面有几个窗口? 如何使某个窗口脱离桌面成为独立窗口?

3．在 MATLAB 中有几种获得帮助的途径? 如何使用 help 命令搜索 std 函数的功能?

本章主要介绍 MATLAB 语言基础、数组、矩阵、基本运算和程序设计等内容。

2.1　MATLAB 语言基础

MATLAB 语言是一种用于科学与工程计算的语言,它在语言结构、库文件与用户文件的关系、运行方式和结果输出等许多方面区别于其他语言。MATLAB 语言实际上是一种解释性语言,用户可以在 MATLAB 的工作环境下键入一个命令,也可以用它的语言编写一段相应的程序,然后由 MATLAB 软件对此命令或程序中各条命令进行翻译并处理,最后返回结果。

2.1.1　MATLAB 语言的变量

与常规的程序设计语言相同的是,变量是 MATLAB 语言的基本元素之一;不同的是,MATLAB 语言并不要求对所使用的变量进行事先声明,也不需要指定变量类型,它会自动根据所赋予变量的值或对变量所进行的操作来确定变量的类型。当用户在 MATLAB 命令行窗口内赋予一个新的变量时,MATLAB 会自动为该变量分配适当的内存;若用户输入的变量已经存在,则 MATLAB 将使用新输入的变量替换原有的变量。

1. 全局变量

与其他程序设计语言相同的是,MATLAB 语言中也存在变量作用域的问题。使用 MATLAB 进行编程时,如果需要将某个变量作用于多个函数上,则只需将该变量声明为全局变量,即在该变量前添加关键字"global"。

全局变量的作用域是整个 MATLAB 工作空间,所有的函数都可以对它进行存取和修改。如果在函数文件中定义变量为局部变量,则它只在函数内有效,在该函数返回后,这些变量会在 MATLAB 工作空间中自动清除掉,这与文本文件是不同的。

(1) 各个函数之间以及命令行窗口的工作间中,内存空间都是独立的,不能互相访问。需要在初始化时声明一次,用时再声明一次(在一个内存空间里声明 global,在另一个内存空间里使用这个 global 时需要再次声明 global,各内存空间声明一次即可)。如果只在某个内存空间使用一次,在全局变量影响内存空间变量时,可使用 clear 命令清除变量名。

(2) 如果一个函数内的变量没有特别声明,那么这个变量只在函数内部使用,即为局部变量。如果两个或多个函数共用一个变量(或者在子程序中也要用到主程序中的变量,注意不是参数),那么可以用 global 声明为全局变量。全局变量的使用可以减少参数传递,合理利用全局变量能够提高程序执行的效率。

(3) 如果需要用到其他函数的变量,就要利用在主程序与子程序中都分别声明全局变量的方式实现变量的传递,否则在函数体内使用的都为局部变量。

(4) 子程序较多时,全局变量将给程序调试和维护带来不便,因此一般不使用全局变量。如果必须要用全局变量,习惯上用全大写的字母表示全局变量,以免和其他变量混淆。

2. 变量命名规则

MATLAB 变量名、函数名及文件名由字母、数字或下划线组成,其中字母区分大小写,如 ourmt 与 Ourmt 表示两个不同的变量。基本规则包括:
(1) 要避免与系统的预定义变量名、函数名、保留字同名。
(2) 变量名第一个字母必须是英文字母。
(3) 变量名可以包含英文字母、下画线和数字。
(4) 变量名不能包含空格和标点符号。
(5) 变量名最多可包含 63 个字符。
(6) 如果运算结果没有赋予任何变量,系统则将其赋予 ans,它是特殊变量,只保留最新值。

2.1.2 MATLAB 语言的常量

MATLAB 语言的常量表示见表 2-1。

表 2-1 常量表示

命 令	动 能
pi	圆周率 π 的双精度浮点型表示
Inf	无穷大,∞ 写成 Inf,$-\infty$ 为 $-$Inf
NaN	不定式,代表"非数值量",通常由 0/0 或 Inf/Inf 运算得出
eps	正的极小值,eps $= 2^{-32}$
realmin	最小正实数

命 令	功 能
realmax	最大正实数
i,j	若 i 和 j 不被定义,则它们表示纯虚数量,即 i = sqrt(−1)
ans	默认表达式的运算结果变量

2.1.3 MATLAB 语言的数据类型

MATLAB 具有强大的数学计算功能,数学计算又分为数值计算和符号计算。其中,数值计算是指有效使用计算机求解数学问题的方法与过程,主要研究如何利用计算机更好地解决各种数学问题,包括数组、矩阵和多项式的求解,并考虑误差、收敛性和稳定性等问题。符号计算与数值计算一样,都是科学研究中的重要内容,且两者之间有着密切的关系。MATLAB 的符号计算可以对未赋值的符号对象(如常数、变量、表达式等)进行运算和处理。通过符号计算,可以轻松解决许多公式和关系式的推导问题。

MATLAB 中的数据类型主要包括数值类型、字符串类型、逻辑类型、函数句柄类型、结构体类型和单元数组类型。这几种基本的数据类型都是按照数组形式来存储和操作的。

MATLAB 中还有两种用于高级交叉编程的数据类型,分别是用户自定义的面向对象的用户类类型和 Java 类类型,在此统称为 map 容器类型。

1. 数值类型

在 MATLAB 中,数值(numeric)类型含整数类型、单精度浮点类型和双精度浮点类型。

1) 基本数值类型

MATLAB 中的基本数值类型见表 2-2。

表 2-2 MATLAB 中的基本数值类型

数 值 类 型	说 明	字 节 数
single	单精度数值类型	4
double	双精度数值类型	8
spanse	稀疏矩阵数值类型	N/A
uint8	无符号 8 位整数	1
uint16	无符号 16 位整数	2
uint32	无符号 32 位整数	4
uint64	无符号 64 位整数	8
int8	有符号 8 位整数	1
int16	有符号 16 位整数	2
int32	有符号 32 位整数	4
int64	有符号 64 位整数	8

2）整数类型数据运算

整数类型数据运算的函数见表 2-3。

表 2-3　整数类型数据运算的函数

函数名	说　　明	函数名	说　　明
bitand	数据位"与"运算	bitor	数据位"或"运算
bitxor	数据位"异或"运算	bitset	指定的数据位设为 1
bitget	获取指定的数据位数值	bitshif	数据位移操作
bitmax	最大浮点整数数值	bitcmp	按指定数据位数求数据补码

2. 字符串类型

在 MATLAB 中需要对字符和字符串（string）进行操作。字符串可以显示在屏幕上，也可用于一些命令的构成，这些命令将在其他的命令中进行求值或被执行。字符串在数据的可视化、应用程序的交互方面起到了非常重要的作用。

一个字符串存储在一个行向量的文本中，这个行向量中的每一个元素代表一个字符，每个字符占用 2 字节的内存。实际上，元素中存放的是字符的内部代码（ASCII 码）。在屏幕上显示出来的是文本，而不是 ASCII 码。由于字符串是以向量的形式来存储的，因此可以通过它的下标对字符串中的任何一个元素进行访问。字符矩阵也以同样的形式进行存储，但它的每行字符数必须相同。

1）字符串创建

在进行字符串的创建时，只需将字符串的内容用单引号括起来即可。

【例 2-1】　创建字符串。

程序代码：

```
>> a = 200
>> class(a)  % 查阅当前数据类型
>> size(a)
>> b = '200'
>> class(b)
>> size(b)
```

运行结果：

```
a = 200
ans = 'double'
ans = 1     1
b = '200'
ans = 'char'
ans = 1     3
```

使用 char 函数可以创建一些无法使用键盘进行输入的字符。该函数的作用是将输入的整数参数转换为相应的字符。class 函数的作用是返回当前变量的数据类型。

【例 2-2】 char 函数的创建。

程序代码：

```
>> A1 = char('Good', 'everyday!')
>> A2 = char('MATLAB', '基础', '与', '应用')
```

运行结果：

```
A1 = 2×9 char 数组
    'Good     '
    'everyday!'
A2 = 4×6 char 数组
    'MATLAB'
    '基础    '
    '与      '
    '应用    '
```

2）字符串的基本操作

（1）字符串拼接。

字符串可以利用"[ ]"运算符进行拼接。若使用","作为不同字符串之间的间隔，则相当于扩展字符串成为更长的字符串向量；若使用";"作为不同字符串之间的间隔，则相当于扩展字符串成为二维数组或者多维数组，此时不同行上的字符串必须具有同样的长度。

（2）字符串操作函数见表 2-4。

表 2-4　字符串操作函数

函 数 名	说　　明
char	创建字符串，将数值转换为字符串
double	将字符串转换为 Unicode 数值
blanks	空白字符串的创建（由空格组成）
deblank	删除字符串尾部空格
ischar	判断变量是否是字符型
strcat	水平组合字符串，构成更长的字符向量
strvcat	垂直组合字符串，构成字符串矩阵
strcmp	比较字符串，判断是否一致
strncmp	比较字符串前 n 个字符，判断是否一致
strempi	比较字符串，忽略字符大小写
strncmpi	比较字符串前 n 个字符，忽略字符的大小写
findstr	在较长的字符串中查寻较短的字符串出现的索引
strfind	在第一个字符串中查寻第二个字符串出现的索引
strjust	对齐排列字符串
strrep	替换字符串中的子串
strmatch	查询匹配的字符串
upper	将字符串的字母都转换成大写字母
lower	将字符串的字母都转换成小写字母

（3）字符串转换函数。

MATLAB 提供了相应的转换函数，在 MATLAB 中允许不同类型的数据和字符串类型的数据之间进行转换。数字与字符之间的转换函数见表 2-5。

表 2-5　数字与字符之间的转换函数

函　数　名	说　　明
num2str	数字转换为字符串
int2str	整数转换为字符串
mat2str	矩阵转换为被 eval 函数使用的字符串
str2double	字符串转换为双精度类型的数据
str2num	字符串转换为数字
sprinf	输出数字转换为字符串（格式化输出数据到命令行窗口）
sscanf	读取格式化字符串转换为数字

在使用函数 str2num 时需要注意，被转换的字符串仅能包含数字、小数点、字符"e"或"d"、数字的正号或负号、复数的虚部字符"i"或"j"，使用时要注意空格。

数值之间的转换函数见表 2-6。

表 2-6　数值之间的转换函数

函　数　名	说　　明
hex2num	十六进制整数字符串转换为双精度数据
hex2dec	十六进制整数字符串转换为十进制整数
dec2hex	十进制整数转换为十六进制整数字符串
bin2dec	二进制整数字符串转换为十进制整数
dec2bin	十进制整数转换为二进制整数字符串
base2dec	指定数制类型的数字字符串转换为十进制整数
dec2base	十进制整数转换为指定数制类型的数字字符串

（4）格式化的输入与输出。

MATLAB 中可以进行格式化的输入与输出，其 C 语言的格式化控制符就可用于格式化的输入与输出，见表 2-7。

表 2-7　格式化的输入与输出函数

字　　符	说　　明	字　　符	说　　明
%c	显示内容为单一字符	%d	含符号的整数
%e	科学记数法，用小写的 e	%E	科学记数法，用大写的 E
%f	浮点数据	%g	不定，%e 和 %f 中选择一种形式
%G	不定，%E 和 %F 中选择一种形式	%o	八进制表示
%s	字符串	%u	无符号整数
%x	十六进制表示，使用小写字符	%X	十六进制表示，使用大写字符

在 MATLAB 中，以下函数可以用来进行格式化的输入与输出。

sscanf（读取格式化字符串）。

```
A = sscanf(s ,format)   A = sscanf( s ,format ,size)
sprintf(格式化输出数据到命令行窗口)
S = sprintf(format , A , ...)
```

【例 2-3】 分别使用 sscanf(s,format)、sscanf(s,format,size)和 sprintf(format,A,...)对字符串进行格式化输出。

程序代码：

```
>> a = '1.3232 4.7655'
>> b = '2.4653e3 2.3443e3';
>> c = '4 5 6 9 32';
>> A = sscanf(a,'% f')
>> B = sscanf(b,'% e')
>> C = sscanf(c,'% d',3)
>> A = 1/eps;
>> B = - eps;
>> C = [70,71,72,pi];
>> D = [pi,70,71,72];
>> S1 = sprintf('% + 15.5f',A)
>> S2 = sprintf('% + .5e',B)
>> S3 = sprintf('% s % f',C)
>> S4 = sprintf('% s % f % s',D)
```

运行结果：

```
a = '1.3232 4.7655'
A =  1.3232
     4.7655
B = 1.0e + 03  *
     2.4653
     2.3443
C =   4
      5
      6
S1 = '+ 4503599627370496.00000'
S2 = '- 2.22045e - 16'
S3 = 'FGH3.141593'
S4 = '3.141593e + 0070.000000GH'
```

3. 逻辑类型

逻辑(logical)运算又可称为布尔运算。布尔使用数学方法来研究逻辑问题,成功地建立了逻辑演算。布尔用等式表示判断,把推理看作等式变换。这种变换的有效性不依赖于人们对符号的解释,只依赖于符号的组合规律。人们把这一逻辑理论称为布尔代数。在 20 世纪 30 年代,逻辑代数(布尔代数)在电路系统上已获得较为广泛的应用。随后,由于电子技术与计算机的发展,出现了各种复杂的大系统,它们的变换规律也遵守布尔所揭示的规律。逻辑运算常用于测试真假值。现实中,最常见的逻辑运算是对循环的处理,以此判断是否离开循环或继续执行循环内的指令。

关系运算通常分为以下两类：

（1）传统的集合运算。例如，并集、差集和交集等。

（2）专业的关系运算。通常需要多个基本运算进行组合并进行多个步骤查询才可实现运算，如选择、投影、连接和除法等。

在 MATLAB 中，通常使用 0 和 1 分别表示逻辑类型的 true 和 false。使用 logical 函数可将任何非零的数值转换为 true，将数值 0 转换为 false。逻辑类型的数组中的每个元素仅占用 1 字节的内存空间。

逻辑类型数据的创建函数见表 2-8。

表 2-8　逻辑类型数据的创建函数

函 数 名	说 明
logical	将任意类型的数组转换为逻辑类型，其中零元素为假，非零元素为真
true	产生逻辑真值数组
false	产生逻辑假值数组
isnumeric(＊)	判断输入的参数是否为数值类型
islogical(＊)	判断输入的参数是否为逻辑类型

4. 函数句柄类型

函数句柄（function handle）是 MATLAB 中的一种数据类型，可以将其理解成一个函数的代号，在实际调用时可以调用函数句柄，而不需调用该函数。

函数句柄的优点见表 2-9。

表 2-9　函数句柄的优点

优点	说 明
可靠性强	使 feval 及借助于它的泛函指令工作更加可靠
效率高	使"函数调用"像"变量调用"一样方便灵活，可以迅速获得同名重载函数的位置、类型信息
速度快	提高了函数的调用速度和软件重用性，扩大子函数和私用函数的可调用范围

综上，使用函数句柄可以使函数成为输入变量，调用起来十分方便，最终提高了函数的可用性和独立性。

创建函数句柄需要用到操作符@。函数句柄语法的创建如下：

```
fhandle = @ function filename
```

通过调用该句柄就可以实现该函数的调用。

例如，mandle＝@tan，创建了 tan 的句柄，输入 fandle(x)就是调用了 tan(x)的功能。

5. 结构体类型

一些不同类型的数据组合成一个整体，虽然各个属性分别具有不同的数据类型，但是它们之间是密切相关的，结构（structure）类型就是包含一组记录的数据类型。结构类型的变量多种多样,可以是一维数组、二维数组或者多维数组。一般在访问结构类型数据的元素时,需要使用下标配合字段的形式。

1)创建结构体

一般创建结构的方法有以下两种:

(1)直接赋值法。该方法直接使用结构的名称并配合". "操作符和对应的字段名称进行结构的创建,在创建时直接给字段赋上具体的值。

(2)使用 struct 函数创建法。struct 函数创建方法的基本语法如下:

struct – name = struct(field ,value)
struct – name = struct(field1 , value1 , field2 , value2 , …)

同时,也可使用 repmat 函数给结构制作副本。

2)基本操作

结构的基本操作包括对结构记录数据的访问、对结构数据进行计算和内嵌结构的创建。MATLAB 中的基本操作函数见表 2-10。

表 2-10　MATLAB 中的基本操作函数

函　数　名	说　　明
struct	创建结构或将其他数据类型转换成结构
isstruct	判断给定的数据对象是否为数据类型
getfield	获取结构字段的数据
setfield	设置结构字段的数据
rmfield	删除结构的指定字段
fieldnames	获取结构的字段名称
isfield	判断给定的字符串是否为结构的字段名称
oderfields	对结构字段进行排序
cell2struct	将单元(cell)数组转为结构
struct2cell	将结构转为单元数组
deal	处理标量时,将标量数值依次赋值给相应输出

(1)对结构记录数据的访问。

访问结构记录数据有两种方法:①直接使用结构数组的名称、字段名称及""操作符完成相应的操作;②利用动态字段形式访问结构数组元素,便于利用函数完成对结构字段数据的重复操作。

基本语法结构:

struct – name(expression)

(2)对结构数据进行计算。

当对结构数组的某一个元素的字段中所代表的数据进行计算时,使用操作与MATLAB 中普通的变量操作一样;当对结构数组的某一个字段的所有数据进行相同操作时,则需要使用"[ ]"符号将该字段包含起来进行操作。

（3）内嵌结构创建。

内嵌结构创建的方法通常有两种：直接赋值法和使用 struct 函数创建法。

6. 单元数组类型

单元数组是一种无所不包的广义矩阵。组成单元数组的每个元素称为一个单元。每个单元可以包括一个任意数组，如数值数组、字符串数组、结构体数组或另外一个单元数组，因而每个单元可以具有不同的尺寸和内存占用空间。MATLAB 中使用单元数组的目的在于它可以把不同类型的数据归并到一个数组中。

1）创建单元数组

使用赋值语句创建单元数组。与一般数组有所不同的是，单元数组使用花括号"{ }"创建，使用逗号","或空格分隔每个单元，使用分号";"分行。

【例 2-4】 创建单元数组。

程序代码：

```
C = {'x',[7;6;4];4,pi}
whos c
```

运行结果：

```
C =
  2×2 cell 数组
    {'x'}     {3×1 double}
    {[4]}     {[ 3.1416]}
  Name        Size              Bytes  Class     Attributes
  c           4x4                 128  double
```

利用 cell 函数创建空单元数组。cell 函数的调用格式如下：

```
cellName = cell(m,n)
```

该函数创建一个 m×n 的空单元数组，其中每个单元均为空矩阵。

【例 2-5】 创建空单元数组。

程序代码：

```
a = cell(3,3)
b = cell(1)
```

运行结果：

```
a =
  3×3 cell 数组
    {0×0 double}    {0×0 double}    {0×0 double}
    {0×0 double}    {0×0 double}    {0×0 double}
    {0×0 double}    {0×0 double}    {0×0 double}
b =
  1×1 cell 数组
    {0×0 double}
```

同一般的数值数组一样,单元数组的内存空间也是动态分配的。因此,使用 cell 函数创建空单元数组的主要目的是为该单元数组预先分配连续的存储空间,以节约内存占用,提高执行效率。

2)单元数组的操作

单元数组的操作包括合并、删除单元数组中的指定单元,改变单元数组的形状等。

(1)单元数组的合并。

【例 2-6】 单元数组的合并。

程序代码:

```
a{1,1} = 'matlab';
a{1,2} = [3 2 1];
a{2,1} = ['a','b','c'];
a{2,2} = [7 6 4];
a
b = {'mat'}
c = {a b}
```

运行结果:

```
a =
  2×2 cell 数组
    {'matlab'}    {[3 2 1]}
    {'abc'   }    {[7 6 4]}
b =
  1×1 cell 数组
    {'mat'}
c =
  1×2 cell 数组
    {2×2 cell}    {1×1 cell}
```

(2)单元数组中指定单元的删除。

如果要删除单元数组中指定的某个单元,则只需要将空矩阵赋给该单元,即

```
C{m,n} = [ ]
```

【例 2-7】 有一个单元数组 C,删除其中的某个单元。

程序代码:

```
C = {ones(3),'matlab',zeros(3),[7,6,4]}
C{1,4} = []
```

运行结果:

```
C =
  1×4 cell 数组
    {3×3 double}    {'matlab'}    {3×3 double}    {[7 6 4]}
C =
  1×4 cell 数组
    {3×3 double}    {'matlab'}    {3×3 double}    {0×0 double}
```

（3）使用 reshape 函数改变单元数组的形状。

reshape 函数的调用格式为

trimC = reshape(C,M,N)

该函数将单元数组 C 转换成一个具有 M 行 N 列的新单元数组。

【例 2-8】 将单元数组 C(1×4) 转换成 newC(4×1)。

程序代码：

```
C = {ones(3),'matlab',zeros(3),[7,6,4]}
newC = reshape(C,4,1)
```

运行结果：

```
newC =
  4×1 cell 数组
    {3×3 double}
    {'matlab'  }
    {3×3 double}
    {0×0 double}
```

2.1.4　MATLAB 语言的运算符

符号运算中的运算符见表 2-11。

表 2-11　运算符说明表

字符	说　　明	字符	说　　明
＋　－	加/减	*　.*	矩阵相乘/点乘
^　.^	矩阵求幂/点幂	/　./	右除/点右除
\　.\	左除/点左除	,	分隔符
[ ]	创建数组、向量、矩阵或字符串	{ }	创建单元矩阵或结构
%	注释符	⋯	表达式换行标记
＝	赋值符号	＝＝	等于关系运算符
＜　＞	小于/大于关系运算符	.'	转置
&	逻辑与	|	逻辑或
～	逻辑非	xor	逻辑异或
;	当写在表达式后面时,运算后不显示计算结果,当写在创建矩阵的语句中时,指示一行元素的结束	'	向量或矩阵的共轭转置符
:	创建向量或指定数组的特定部分,如 a(:,i) 表示提取第 i 列的所有行元素；a(i,:) 表示提取第 i 行的所有列元素	kron	矩阵积

符号运算的运算符,无论在形状上、名称上或是在使用方法上,都与数值计算的运算符几乎完全相同,这无疑为用户的使用提供了便利。

2.2 MATLAB 数组

　　相同数据类型的元素按一定的顺序排列的集合称为数组。数组名是将有限个类型相同的变量进行组合所形成的一种集合命名。在组成的数组中的每个变量都可称为数组的分量,也称为数组的元素或下标变量。用于区分数组的各个元素的数字编号称为下标。在程序设计中,为了处理方便,把具有相同类型的若干变量按有序的形式组织起来,这些按序排列的同类数据元素的集合统称为数组。

　　MATLAB 数值计算中的一个重要功能就是进行向量与矩阵的运算,向量和矩阵主要是用数组进行表示的,因此对数组的学习就变得尤为重要。

2.2.1 数组的创建

　　数组的创建包含一维数组的创建和二维数组的创建。一维数组的创建包括一维行向量和一维列向量的创建,两者的主要区别在于创建的数组是按行排列还是按列排列。

　　一维行向量的创建以"("开始,以","或空格作为间隔进行元素值的输入,最后以")"结束。创建一维列向量时,需要把所有数组元素用";"隔开,并用"[]"把数组元素括起来。也可通过转置运算符利用","将已创建好的行向量转置为列向量。MATLAB 中可以";"生成等差数组。注意,数组元素值以空格隔开,当使用复数作为数组元素时,中间不能输入空格。

　　具体语法如下:

数组名 = 起始值:增量:结束值

其中,若增量为正,则代表递增;若增量为负,则代表递减;默认增量为 1。

　　二维数组的创建与一维数组的创建方式类似。在创建二维数组时,用","或者空格区分同一行中的不同元素,使用";"或者回车(Enter)键区分不同行的不同元素。

【例 2-9】 创建二维数组。

程序代码:

```
A = [7,6,5,4]
A = 1:2:10
A = [67;78]
A = [1 1 + i 1 - i];
B = A'
```

运行结果:

```
A =
    7    6    5    4
A =
    1    3    5    7    9
A =
   67
   78
```

```
B =
   1.0000 + 0.0000i
   1.0000 - 1.0000i
   1.0000 + 1.0000i
```

生成特殊数组的函数见表2-12。

表 2-12　生成特殊数组的函数

函　数　名	说　　　明
linspace	生成线性分布的向量
eye	生成单位矩阵
zeros	生成全部元素为 0 的数组
ones	生成全部元素为 1 的数组
rand	生成随机数组,元素值均匀分布
randn	生成随机数组,元素值正态分布

2.2.2　数组的基本运算

MATLAB 中数组的简单运算是按照元素与元素一一对应的方式进行的,因此两个数组必须具有相同的维数。数组运算的符号及说明如表2-13所示。

表 2-13　数组运算的符号及说明

符　　号	说　　明	符　　号	说　　明
+	实现数组相加	./	实现数组相除
-	实现数组相减	.^	实现数组幂运算
.*	实现数组相乘		

【例 2-10】 数组运算。

程序代码:

```
a = magic(4)
b = ones(4,4)
c = a + b
d = a. * b
```

运行结果:

```
a =
   16    2    3   13
    5   11   10    8
    9    7    6   12
    4   14   15    1
b =
    1    1    1    1
    1    1    1    1
    1    1    1    1
    1    1    1    1
```

```
c =
    17     3     4    14
     6    12    11     9
    10     8     7    13
     5    15    16     2
d =
    16     2     3    13
     5    11    10     8
     9     7     6    12
     4    14    15     1
```

2.3   MATLAB 矩阵

矩阵是特殊的数组,矩阵是 MATLAB 中最基本的数据结构。用户在定义变量时,首先应定义一个矩阵,用一个矩阵可以表示多种数据结构。矩阵能够存储各种数据元素,这些数据元素可以是数值类型、字符串、逻辑类型或其他结构。通过矩阵可以方便地存储和访问MATLAB 中的各种数据类型。

2.3.1   矩阵的创建

矩阵和数组的输入形式和书写方法是相同的,其区别在于进行运算时,数组的计算是数组中对应元素的运算,而矩阵运算则应符合矩阵运算的规则。在数值运算中使用的矩阵必须赋值,矩阵的输入可以采用直接输入和调用函数生成。

最简单的建立矩阵的方法是从键盘直接输入矩阵元素,将矩阵元素用方括号括起来,逐行输入各元素,同行元素之间用空格或逗号分隔,不同行元素之间用分号分隔。

【例 2-11】 根据 $A = \begin{bmatrix} 1 & 2 & 6 \\ 4 & 0 & 6 \\ 8 & 3 & 3 \end{bmatrix}$ 和 $B = \begin{bmatrix} i & 9+3i & 6-2i \\ 4i & 3i & 5+3i \\ 6-5i & 4+7i & 19-i \end{bmatrix}$,建立实数矩阵和复数矩阵。

程序代码:

```
A = [1 2 6;4 0 6;8 3 3]
B = [i 9 + 3i 6 - 2i;4i 3i 5 + 3i;6 - 5i 4 + 7i 19 - i]
```

运行结果:

```
A =

     1     2     6
     4     0     6
     8     3     3
```

```
B =

    0.0000 + 1.0000i   9.0000 + 3.0000i    6.0000 - 2.0000i
    0.0000 + 4.0000i   0.0000 + 3.0000i    5.0000 + 3.0000i
    6.0000 - 5.0000i   4.0000 + 7.0000i   19.0000 - 1.0000i
```

2.3.2 特殊矩阵的创建

MATLAB 提供了一些用来构造特殊矩阵的函数,见表 2-14。

表 2-14 特殊矩阵函数

函数名	说　　明	函数名	说　　明
ones	创建全 1 矩阵	zeros	创建全 0 矩阵
diag	创建对角矩阵	eye	创建单位矩阵
rand	创建均匀分布随机矩阵	randn	创建高斯分布随机矩阵
compan	创建伴随矩阵	magic	创建魔方矩阵
vander	创建范德蒙阵	pascal	创建杨辉三角矩阵
hilb	创建希尔伯特矩阵	tril	求矩阵的下三角阵
fliplr	求矩阵的左右翻转	triu	求矩阵的上三角阵
flipud	求矩阵的上下翻转	rot90	求矩阵的旋转 90°

【例 2-12】 创建四维范德蒙矩阵、4×5 的全一矩阵、5×5 的均匀分布的随机矩阵、三维魔方阵、三维杨辉三角阵,并根据一元四次方程 $6x^4 + 4x^3 + x^2 + 4x - 3 = 0$ 求伴随矩阵。

程序代码:

```
V = 1:1:4
A = vander(V)
B = ones(4,5)
C = rand(5,5)
D = magic(3)
E = pascal(3)
F = [6 4 1 4 -3];
G = compan(F)
```

运行结果:

```
V =

     1     2     3     4


A =

     1     1     1     1
     8     4     2     1
    27     9     3     1
    64    16     4     1
```

```
B =

     1     1     1     1     1
     1     1     1     1     1
     1     1     1     1     1
     1     1     1     1     1


C =

    0.4893    0.7803    0.1320    0.2348    0.1690
    0.3377    0.3897    0.9421    0.3532    0.6491
    0.9001    0.2417    0.9561    0.8212    0.7317
    0.3692    0.4039    0.5752    0.0154    0.6477
    0.1112    0.0965    0.0598    0.0430    0.4509


D =

     8     1     6
     3     5     7
     4     9     2


E =

     1     1     1
     1     2     3
     1     3     6


G =

   -0.6667   -0.1667   -0.6667    0.5000
    1.0000         0         0         0
         0    1.0000         0         0
         0         0    1.0000         0
```

2.3.3　冒号的作用

矩阵的输入还可以使用类似向量增量的赋值方法,其格式为

A = 初值:增量:终值

【例 2-13】　利用增量赋值创建矩阵。

程序代码:

```
>>A = 1:1:5
>>B = [A/4;A * 2;A * 1.5]
```

运行结果：

```
A =
     1     2     3     4     5
B =
    0.2500    0.5000    0.7500    1.0000    1.2500
    2.0000    4.0000    6.0000    8.0000   10.0000
    1.5000    3.0000    4.5000    6.0000    7.5000
```

2.3.4　矩阵的运算

MATLAB 对于矩阵运算的处理和线性代数中的方法相同，下面介绍各种矩阵的运算。矩阵的基本运算主要有加、减、乘、除四则运算，以及求秩、求逆、求迹、求特征值和特征向量等。

1. 加减运算

"＋"和"－"分别表示加和减运算，两个矩阵的运算是对应元素的加减，矩阵和标量的运算是矩阵中每个元素与标量的运算。

【例 2-14】 已知矩阵 $A = \begin{bmatrix} 3 & 9 & 1 \\ 6 & 4 & 2 \\ 4 & 3 & 8 \end{bmatrix}$ 和 $B = \begin{bmatrix} 6 & 9 & 6 \\ 8 & 7 & 5 \\ 9 & 5 & 19 \end{bmatrix}$，求 $A＋B$ 和 $A－B$。

程序代码：

```
A = [3 9 1;6 4 2;4 3 8]
B = [6 9 6;8 7 5;9 5 19]
C = B - A
D = B + A
```

运行结果：

```
A =
     3     9     1
     6     4     2
     4     3     8
B =
     6     9     6
     8     7     5
     9     5    19
C =
     3     0     5
     2     3     3
     5     2    11
```

```
D =
     9      18       7
    14      11       7
    13       8      27
```

2. 乘法运算

乘法的运算符是"＊",标量与矩阵的乘法是标量和矩阵中每个元素进行相乘运算,矩阵相乘则按照线性代数中矩阵乘法法则进行,即前一个矩阵的列数和后一个矩阵的行数必须相同。

【例 2-15】 已知矩阵 $A = \begin{bmatrix} 3 & 9 & 1 \\ 6 & 4 & 2 \\ 4 & 3 & 8 \end{bmatrix}$ 和 $B = \begin{bmatrix} 6 & 9 & 6 \\ 8 & 7 & 5 \\ 9 & 5 & 19 \end{bmatrix}$,求 $A * B$ 和 $A * 15$。

程序代码:

```
A = [3 9 1;6 4 2;4 3 8]
B = [6 9 6;8 7 5;9 5 19]
C = A * B
D = A * 15
```

运行结果:

```
C =
     99      95      82
     86      92      94
    120      97     191
D =
     45     135      15
     90      60      30
     60      45     120
```

3. 除法运算

矩阵除法有 3 种形式:左除(运算符"\")、右除(运算符"/")和点除(运算符"./"和"。\")。

1) 矩阵左除

对于矩阵 A 和 B 来说,$A\backslash B$ 表示矩阵 A 左除矩阵 B,其计算结果与矩阵的逆和矩阵 B 相乘的结果相似。矩阵 $A\backslash B$ 可以看成方程 $Ax = B$ 的解。

【例 2-16】 已知矩阵 $A = \begin{bmatrix} 3 & 9 & 1 \\ 6 & 4 & 2 \\ 4 & 3 & 8 \end{bmatrix}$ 和 $B = \begin{bmatrix} 87 & 128 & 193 \\ 62 & 116 & 176 \\ 104 & 154 & 249 \end{bmatrix}$,求矩阵 B 被矩阵 A 左除,即 $A\backslash B$。

程序代码:

```
A = [3 9 1;6 4 2;4 3 8]
B = [87   128   193;62   116   176;104   154   249]
```

```
C = A\B
```

运行结果：

```
C =
    2.0000    9.0000    13.0000
    8.0000    10.0000   15.0000
    9.0000    11.0000   19.0000
```

2）矩阵右除

对于矩阵 A 和 B 来说，A/B 表示矩阵 A 右除矩阵 B，其计算结果与矩阵 A 和矩阵 B 的逆相乘的结果相似。矩阵 A/B 可以看成方程 $xB = A$ 的解。

【例 2-17】 已知矩阵 $A = \begin{bmatrix} 3 & 9 & 1 \\ 6 & 4 & 2 \\ 4 & 3 & 8 \end{bmatrix}$ 和 $B = \begin{bmatrix} 87 & 128 & 193 \\ 62 & 116 & 176 \\ 104 & 154 & 249 \end{bmatrix}$，求矩阵 B 被矩阵 A 右除，即 B/A。

程序代码：

```
A = [3 9 1;6 4 2;4 3 8]
B = [87  128  193;62  116  176;104  154  249]
C = B/A
```

程序代码：

```
C =
    8.8286    - 6.3143   24.6000
    9.5571    - 9.9786   23.3000
   10.5643    - 9.3821   32.1500
```

3）矩阵点除

矩阵的点除表示两个矩阵中对应元素相除。

【例 2-18】 已知矩阵 $A = \begin{bmatrix} 3 & 9 & 1 \\ 6 & 4 & 2 \\ 4 & 3 & 8 \end{bmatrix}$ 和 $B = \begin{bmatrix} 87 & 128 & 193 \\ 62 & 116 & 176 \\ 104 & 154 & 249 \end{bmatrix}$，求矩阵 B 点除矩阵 A。

程序代码：

```
A = [3 9 1;6 4 2;4 3 8]
B = [87  128  193;62  116  176;104  154  249]
C1 = B./A
C2 = B.\A
```

程序代码：

```
C1 =
   29.0000   14.2222   193.0000
   10.3333   29.0000    88.0000
   26.0000   51.3333    31.1250
```

```
C2 =
    0.0345    0.0703    0.0052
    0.0968    0.0345    0.0114
    0.0385    0.0195    0.0321
```

4. 矩阵乘方

矩阵的乘方运算表达式为 A^x,其中 A 为矩阵,x 为常数。

【例 2-19】 矩阵的乘方运算。

程序代码:

```
A = [7,6;4,4];
B = A^3
```

运行结果:

```
B =
    775    702
    468    424
```

5. 矩阵开方

对于矩阵 A,可以计算开方运算得到矩阵 X,即满足 $X * X = A$。MATLAB 提供了 sqrtm 函数用于求矩阵开方。依据乘方运算,$A^{0.5}$ 也可以求得开方,只是 sqrtm 函数的精度更高。

sqrtm 函数的调用格式为

```
X = sqrtm(A)
```

函数 sqrtm 求解的是矩阵的开方运算,要求矩阵必须是方阵;与之对应的函数 sqrt 则是对矩阵中每个元素的开方,对矩阵格式不作要求。

【例 2-20】 矩阵的开方运算。
程序代码:

```
sqrtm([9 9 8;36 25 6;3 2 1])
```

运行结果:

```
ans =

    1.8356 + 1.2377i    1.3355 - 0.2537i    1.3921 - 1.9919i
    5.4040 - 1.5485i    4.2643 + 0.3174i    0.5815 + 2.4921i
    0.4524 - 0.1464i    0.2868 + 0.0300i    0.7909 + 0.2357i
```

6. 矩阵指数

MATLAB 提供了函数 exp 和 expm 用于求矩阵指数,前者求的是矩阵每个元素的 e 指数,后者求的是矩阵的 e 指数。exp 和 expm 函数的调用格式为

```
E = exp(A)
E = expm(A)
```

如果矩阵 **A** 有特征值 **D**,并且对应的全集合的特征向量为 **V**,则

```
expm(A) = V * diag(exp(diag(D)))/V
```

【例 2-21】 矩阵的指数运算。

程序代码:

```
x = [2 6 4;1 5 3];
exp(x)
expm([2 6 4;1 5 3;4 2 0])
```

运行结果:

```
ans =

    7.3891   403.4288    54.5982
    2.7183   148.4132    20.0855
ans =
   1.0e + 03 *
    2.1609     4.6586     2.5484
    1.5871     3.4262     1.8733
    1.3324     2.8702     1.5707
```

7. 矩阵对数

和指数运算一样,MATLAB 同样提供了 log 和 logm 两个函数用于求矩阵的自然对数,前者求的是矩阵每个元素的对数,后者求的是矩阵的对数。log 和 logm 函数的调用格式为

```
L = log( A)
L = logm(A)
[L,exitflag] = logm(A)
```

其中,exitflag 为标量,表示算法退出条件。如果 exitflag = 0,则表示算法已成功完成;如果 exitflag = 1,则表示必须计算的矩阵平方根太多,但此时 L 的计算值可能仍然正确。

【例 2-22】 矩阵的对数运算。

程序代码:

```
A = [3 2 1 ;6 5 4;9 8 7];
B = log(A)
C = logm( A)
[L,exitflag] = logm(A)
```

运行结果:

```
B =
    1.0986     0.6931          0
    1.7918     1.6094     1.3863
    2.1972     2.0794     1.9459
```

```
C =
   - 5.2521  +  0.5236i   12.0691  -  1.0472i  - 5.6558  +  0.5236i
    12.8265  -  1.0472i  - 22.4090  +  2.0944i   12.4478  -  1.0472i
   - 4.1410  +  0.5236i   13.2052  -  1.0472i  - 4.4947  +  0.5236i
L =
   - 5.2521  +  0.5236i   12.0691  -  1.0472i  - 5.6558  +  0.5236i
    12.8265  -  1.0472i  - 22.4090  +  2.0944i   12.4478  -  1.0472i
   - 4.1410  +  0.5236i   13.2052  -  1.0472i  - 4.4947  +  0.5236i
exitflag =
     0
```

8. 矩阵的逆

已知矩阵 A 和矩阵 B,若存在 $A \cdot B = B \cdot A = E$,则称 A 和 B 互为逆矩阵。计算矩阵的逆可使用函数 inv,其调用格式为

```
inv(A) % 要求矩阵 A 满秩
```

【例 2-23】 已知矩阵 $A = \begin{bmatrix} 1 & 2 & 3 \\ 6 & 4 & 4 \\ 4 & 2 & 1 \end{bmatrix}$,求矩阵 A 的逆。

程序代码:

```
A = [1 2 3;6 4 4;4 2 1]
inv(A)
```

运行结果:

```
ans =

   - 1.0000    1.0000   - 1.0000
     2.5000  - 2.7500     3.5000
   - 1.0000    1.5000   - 2.0000
```

9. 矩阵的秩、迹

对矩阵进行初等行变换后,非零行的个数称为矩阵的行秩;对其进行初等列变换后,非零列的个数称为矩阵的列秩。矩阵的秩是方阵经过初等行变换或者列变换后的行秩或列秩,方阵的列秩和行秩总是相等的,才称为矩阵的秩。若矩阵的秩等于行数,则称矩阵满秩。可使用函数 rank 求矩阵的秩,其调用格式为

```
rank(A) % 要求矩阵 A 为方阵
```

在线性代数中,把矩阵的对角线元素之和称为矩阵的迹。可使用函数 trace 求矩阵的迹,其调用格式为

```
trace(A)  % 要求矩阵 A 为方阵
```

【例 2-24】 已知矩阵 $A = \begin{bmatrix} 1 & 2 & 3 \\ 6 & 4 & 4 \\ 4 & 2 & 1 \end{bmatrix}$，求矩阵 A 的秩和迹。

程序代码：

```
A = [1 2 3;6 4 4;4 2 1]
rank(A)
trace(A)
```

运行结果：

```
ans =

     3
ans =

     6
```

10. 矩阵的伴随矩阵

伴随矩阵是矩阵理论及线性代数中的一个基本概念，是许多数学分支研究的重要工具，伴随矩阵的一些新的性质被不断发现与研究。如果矩阵可逆，则可利用 det 函数求解矩阵的行列式，利用 inv 函数求矩阵的逆矩阵，最后求取矩阵的伴随矩阵。det 和 inv 函数的调用格式为

```
det(A)              % 求矩阵 A 的行列式
inv(A)              % 求矩阵 A 的逆矩阵
B = det(A) * inv(A) % 求矩阵 A 的伴随矩阵 B
```

【例 2-25】 已知矩阵 $A = \begin{bmatrix} 1 & 2 & 3 \\ 6 & 4 & 4 \\ 4 & 2 & 1 \end{bmatrix}$，求矩阵 A 的伴随矩阵。

程序代码：

```
A = [1 2 3;6 4 4;4 2 1]
det(A)
inv(A)
B = det(A) * inv(A)
```

运行结果：

```
B =

    -4.0000     4.0000    -4.0000
    10.0000   -11.0000    14.0000
    -4.0000     6.0000    -8.0000
```

11. 矩阵的特征值和特征向量

矩阵的特征值与特征向量是线性代数中的重要概念。对于一个 n 阶方阵 A，若存在非零 n 维向量 x 与常数 λ，使得 $\lambda x = Ax$，则称 λ 是 A 的一个特征值，称 x 是属于特征值 λ 的特征向量。可以使用 $|\lambda E - A| = 0$ 先求解出 A 的特征值，再代入等量关系求解特征向量（不唯一）。可利用 eig 函数求矩阵的特征值和特征向量，其调用格式为

```
E = eig(A)        % 求矩阵 A 的全部特征值,构成向量 E
[V,D] = eig(A)    % 求矩阵 A 的全部特征值,构成对角阵 D,并求 A 的特征向量构成 V 的列向量
```

【例 2-26】 已知矩阵 $A = \begin{bmatrix} 1 & 2 & 3 \\ 6 & 4 & 4 \\ 4 & 2 & 1 \end{bmatrix}$，求矩阵 A 的特征值和特征向量。

程序代码：

```
A = [1 2 3;6 4 4;4 2 1]
E = eig(A)
[V,D] = eig(A)
```

运行结果：

```
E =
     8.6974
    -2.5145
    -0.1829
V =
    -0.3760   -0.7058    0.2897
    -0.8304    0.2410   -0.8452
    -0.4112    0.6661    0.4492
D =
     8.6974         0         0
         0   -2.5145         0
         0         0   -0.1829
```

12. 矩阵的拆分、替换与扩展

1）矩阵的拆分

MATLAB 语言可以提取矩阵的某个值、某行或者某列的值，一般格式如下：

```
A(m,n)        % 提取第 m 行、第 n 列元素
A(:,n)        % 提取矩阵 A 第 n 列元素
A(m,:)        % 提取矩阵 A 第 m 行元素
A(m1:m2,n1:n2) % 提取矩阵 A 第 m1 行到第 m2 行和第 n1 列到第 n2 列的所有元素
A(:)          % 按矩阵 A 元素的列排列向量
```

【例 2-27】 拆分输出矩阵 $A = \begin{bmatrix} 1 & 2 & 3 & 4 \\ 6 & 4 & 4 & 1 \\ 4 & 2 & 1 & 8 \end{bmatrix}$ 的行和列元素，并按矩阵 A 元素的列排列

向量。

程序代码：

```
A = [1 2 3 4;6 4 4 1;4 2 1 8]
B = A(2,:)
C = A(1:2,3:4) % 取第 1~2 行的第 3~4 列元素
A(:)
```

运行结果：

```
A =
    1    2    3    4
    6    4    4    1
    4    2    1    8
B =
    6    4    4    1
C =
    3    4
    4    1
ans =
    1
    6
    4
    2
    4
    2
    3
    4
    1
    4
    1
    8
```

2）矩阵的替换

MATLAB 语言可以部分替换矩阵行或者列，一般格式如下：

```
A(m,n) = a        % 表示替换矩阵 A 中的第 m 行,第 n 列元素为 a
A(m,:) = [a,a₂,…,aₙ]   % 表示替换矩阵 A 中第 m 行的所有元素为 a,a₂,…,aₙ
A(:,n) = [a₁,a₂,…,aₘ]   % 表示替换矩阵 A 中第 n 列的所有元素为 a1,a₂,…,aₘ
```

其中，若 A(m,：)与 A(：,n)等号后为空矩阵，则表示将 A 矩阵中对应行和列删除。

【例 2-28】 将矩阵 $A = \begin{bmatrix} 1 & 2 & 3 & 4 \\ 6 & 4 & 4 & 1 \\ 4 & 2 & 1 & 8 \end{bmatrix}$ 的第 3 行删除后将第 2 列替换为 $\begin{bmatrix} 6 \\ 3 \end{bmatrix}$。

程序代码：

```
A = [1 2 3 4;6 4 4 1;4 2 1 8];
A(3,:) = []
A(:,2) = [6;3]
```

运行结果：

```
A =

    1    2    3    4
    6    4    4    1
A =

    1    6    3    4
    6    3    4    1
```

3）矩阵的扩展

MATLAB语言可以部分扩展矩阵，生成大的矩阵，一般格式如下：

$$D = [A; B\ C]$$

其中，A为原矩阵，B和C为要扩展的元素，D为扩展后的矩阵。注意：B和C的行数要相等；B和C的列数之和要与A的列数相等。

【例2-29】 用全零矩阵 B 与单位矩阵 C 扩展矩阵 $A = \begin{bmatrix} 1 & 2 & 3 & 4 \\ 6 & 4 & 4 & 1 \\ 4 & 2 & 1 & 8 \end{bmatrix}$ 的第4、5行。

程序代码：

```
A = [1 2 3 4;6 4 4 1;4 2 1 8];
B = zeros(2)
C = eye(2)
D = [A;B C]
```

运行结果：

```
B =

    0    0
    0    0
C =

    1    0
    0    1
D =

    1    2    3    4
    6    4    4    1
    4    2    1    8
    0    0    1    0
    0    0    0    1
```

2.4　MATLAB 基本运算

MATLAB中的运算符分为算术运算符、关系运算符和逻辑运算符。这3种运算符可以分别使用，也可以在同一运算式中出现。当在同一运算式中同时出现两种或两种以上运

算符时,运算的优先级排列如下:

算术运算符>关系运算符>逻辑运算符

2.4.1 算术运算

MATLAB 中的算术运算符有加、减、乘、除、点乘、点除等,如表 2-15 所示。

表 2-15 MATLAB 中的算术运算符及其说明

算术运算符	说　明	算术运算符	说　明
A+B	A 与 B 相加 (A、B 为数值或矩阵)	A−B	A 与 B 相减 (A、B 为数值或矩阵)
A * B	A 与 B 相乘 (A、B 为数值或矩阵)	A. * B	A 与 B 相应元素相乘 (A、B 为相同维度的矩阵)
A/B	A 与 B 相除 (A、B 为数值或矩阵)	A. /B	A 与 B 相应元素相除 (A、B 为相同维度的矩阵)
A^B	A 的 B 次幂 (A、B 为数值或矩阵)	A. ^B	A 的每个元素的 B 次幂 (A 为矩阵,B 为数值)

2.4.2 关系运算

MATLAB 的关系运算符及其说明见表 2-16。

表 2-16 MATLAB 的关系运算符及其说明

关系运算符	说　明	关系运算符	说　明
= =	等于	～ =	不等于
>	大于	> =	大于或等于
<	小于	< =	小于或等于

参与关系运算的操作数可以是各种数据类型的变量或常数,运算结果是逻辑类型的数据。标量可以和数组(或矩阵)进行比较,比较时自动扩展标量,返回的结果是和数组同维的逻辑类型数组。若比较的是两个数组,则数组必须是同维的,且每维的尺寸必须一致。

利用括号"()"和各种运算符相结合,可以完成复杂的关系运算。

MATLAB 中的运算符优先级排序见表 2-17。

表 2-17 MATLAB 中的运算符优先级排序

优先级(降序)	符　　号
第 1 级	括号()
第 2 级	数组转置(. ')、数组幂(.)、矩阵转置(')、矩阵幂(^)
第 3 级	一元加(＋)、一元减(－)、逻辑非(～)

优先级（降序）	符　　号
第 4 级	数组乘法(. *)、数组右除(. /)、数组左除(. \)、矩阵乘法(*)、矩阵右除(/)、矩阵左除(\)
第 5 级	加法(＋)、减法(－)
第 6 级	冒号运算符(；)
第 7 级	小于(＜)、小于或等于(＜＝)、大于(＞)、大于或等于(＞＝)、等于(＝＝)、不等于(～＝)
第 8 级	元素与(&)
第 9 级	元素或(|)
第 10 级	短路逻辑与(&&)
第 11 级	短路逻辑或(||)

2.4.3 逻辑运算

逻辑运算(布尔运算)是指可以处理逻辑类型数据的运算。

逻辑运算符及其说明见表 2-18。

表 2-18 逻辑运算符及其说明

逻辑运算符	说　　明
&	元素与操作
&&	具有短路作用的逻辑与操作(仅处理标量)
|	元素或操作
||	具有短路作用的逻辑或操作(仅处理标量)
～	逻辑非操作
xor	逻辑异或操作
all	当向量中的元素都是非零元素时,返回真
any	当向量中的元素存在非零元素时,返回真

2.5 MATLAB 程序设计

MATLAB 不仅可以实现命令行窗口的指令输入和执行(即用户利用命令行窗口和交互式对话框(如图形窗口)把意图传递给计算机,让系统执行操作),其本身还是一种高级交互式程序语言。MATLAB 语言以 C 语言作为开发内核,其优点是易懂和上手性强,用户可以使用 MATLAB 语言自行编写扩展名为.m 的文件,在其中定义各种函数和变量,并调试执行,使用户方便灵活地整合大量单行程序代码,从而解决大规模的工程问题。

在广义上说,在 MATLAB 命令行窗口输入单行代码和利用其编程功能设计.m 文件的程序都属于 MATLAB 程序设计的不同方式。第一种方法适用于程序比较简单的情况,在命令行窗口下键入程序可以直观地看到输出结果,但不利于程序反复调试和代码修改;第二种方法是开发程序时的常用方法,用户利用编辑器对自己编写的 M 文件进行调试修改。

2.5.1　M 文件

M 文件有脚本和函数两种格式。两者的相同之处在于它们都是以.m 作为扩展名的文本文件,并在文本编辑器中创建文件,但是两者在语法和使用上略有区别。

1. M 脚本文件

脚本文件是一系列命令的集合,通常包括注释部分和程序部分。注释部分一般给出程序的功能,对程序进行解释说明,由程序部分实现具体的功能。在命令行窗口输入脚本文件的文件名,MATLAB 执行脚本文件的程序,和在命令行窗口输入这些程序一样。脚本文件的变量都是全局变量,在执行过程中产生的变量存储在工作空间中,也可以应用工作空间中已经存储的变量,只有用 clear 命令才能将其产生的变量清除。必须注意,脚本文件中的变量有可能覆盖工作空间中存储的原有变量。为了避免因变量名相同而引起冲突,一般会在脚本文件的开始,采用 clear all 命令清除工作空间中的所有变量。

【例 2-30】 编写一个脚本文件,如图 2-1 所示。

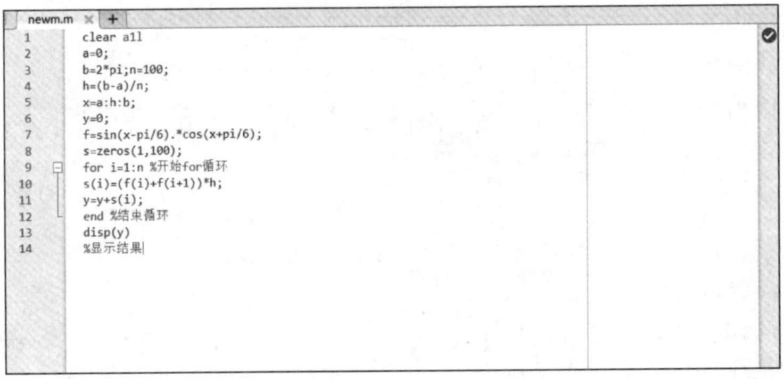

```
newm.m  ×  +
 1    clear all
 2    a=0;
 3    b=2*pi;n=100;
 4    h=(b-a)/n;
 5    x=a:h:b;
 6    y=0;
 7    f=sin(x-pi/6).*cos(x+pi/6);
 8    s=zeros(1,100);
 9    for i=1:n %开始for循环
10    s(i)=(f(i)+f(i+1))*h;
11    y=y+s(i);
12    end %结束循环
13    disp(y)
14    %显示结果
```

图 2-1　脚本文件

在程序中,带"%"号的程序作为注释部分,可使程序更加清晰并方便阅读。首先使用 clear all 命令,清除 MATLAB 工作空间中的所有变量。在程序中,注释自动采用绿色表示,程序中的一些关键字用不同的颜色突出显示。

用户可以单击文本编辑器中的运行快捷按钮,或按快捷键(F5)执行脚本文件。此外,也可以在命令行窗口输入脚本文件的名字来执行,但不能添加文件的后缀.m,否则会显示出错信息。在命令行窗口输入脚本文件后,结果如下:

```
>> newm
   -5.4414
```

在命令行窗口可以输入帮助命令查询脚本文件的信息,运行结果如下:

```
>> which newm
C:\Users\27127\Desktop\编书的例题程序\newm.m
>> help newm
newm 是一个脚本。
```

2. M 函数文件

为了实现程序中的参数传递,需要用到函数文件。M 函数文件是为了实现一个单独功能的代码块,与 M 脚本文件不同的是 M 函数文件需要接收参数输入和输出,M 函数文件中的代码一般只处理输入参数传递的数据,并把处理结果作为函数输出参数返回给MATLAB 工作空间中指定的接收变量。

因此,M 函数文件具有独立的内部变量空间。在执行 M 函数文件时,要指定输入参数的实际取值,而且一般要指定接收输出结果的工作空间变量。

MATLAB 提供的许多函数就是用 M 函数文件编写的,尤其是各种工具箱中的函数,用户可以打开这些文件查看相关信息。通过 M 函数文件,用户可以把一个实现抽象功能的MATLAB 代码封装成一个函数接口,并在以后的应用中重复调用。

一个完整的 M 文件通常包括 5 部分。

(1) 函数声明行:函数语句的第一行,定义了函数名、输入变量和输出变量。函数首行以关键字 function 开头,函数名置于等号右侧,一般函数名与对应的 M 文件名相同。输出变量紧跟在 function 之后,常用方括号括起来(若仅有一个输出变量则无须方括号);输入变量紧跟在函数名之后,用圆括号括起来。如果函数有多个输入或输出参数,则输入变量之间用",“分割,输出变量用”,"或空格分隔。

(2) H1 行:函数帮助文本的第一行,以 % 开头,用来说明该函数的主要功能。当在MATLAB 中用命令 lookfor 查找某个函数时,查找到的就是函数 H1 行及其相关信息。

(3) 函数帮助文本:在 H1 行之后且在函数体之前的说明文本就是函数的帮助文本。它可以有多行,每行都以 % 开头,用于比较详细地对该函数进行注释,说明函数的功能和用法、函数开发与修改的日期等。当在 MATLAB 中用命令"help+函数名"查询帮助时,就会显示函数 H1 行与帮助文本的内容。

(4) 函数体:函数的主要部分,是实现该函数功能、进行运算程序代码的执行语句。

(5) 函数注释:函数体中除了进行运算外,还包括函数调用与程序调用的必要注释。注释语句段每行用"%“引导,”%"后的内容不执行,只起注释作用。在函数文件中,除了函数定义行和函数体之外,其他部分都是可以省略的。但作为一个函数,为了提高函数的可用性,应加上 H1 行和函数帮助文本;为了提高函数的可读性,应加上适当的注释。

此外,函数结构中一般都应有变量检测部分。如果输入或返回变量格式不正确,则应给出相应的提示。输入和返回变量的实际个数分别用 nargin 和 nargout(MATLAB 的保留变量)给出,只要进入函数,MATLAB 就将自动生成这两个变量。nargin 和 nargout 可以实现变量检测。

【例 2-31】 编写一个 M 函数文件。它具有以下功能:①根据指定的半径,画出蓝色圆周线；②可以通过输入字符串，改变圆周线的颜色、线型；③假若需要输出圆面积，则绘出圆。

（1）编写函数 M 文件。

```
function [S,L] = exm0302(N,R,str)
% exm0302.m The area and perimeter of a regular polygon(正多边形面积和周长)
% N The number of sides
% R The cireumradius
% str A line specification to determine line type/color
% S The area of the regular polygon
% L The perimeter of the regular polygon
% exm0302 用蓝实线画半径为 1 的圆
% exm0302(N)用蓝实线画外接半径为 1 的正 N 边形
% ex0(N,R)用蓝实线画外接半径为 R 的正 N 边形
% exm0302(N,R,sur)用 str 指定的线画外接半径为 R 的正 N 边形
% S = exm0302(...)给出多边形面积 S,并画相应正多边形填色图
% [S,L] = exm0302(...)给出多边形面积 S 和周长 L,并画相应正多边形填色图
switch nargin
case 0
N = 100;R = l;str = ' - b';
case 1
R = l;str = ' - b';
case 2
str = ' - b';
case 3; % 不进行任何操作,直接跳出 switch 语句
otherwise
error('输入量太多。');
end ;
t = 0:2 * pi/N:2 * pi;
x = R * sin(t);
y = R * cos(t);
if nargout == 0
    plot(x,y,str);
elseif nargout > 2
    error('输出量太多。');
else
S = N * R * R * sin(2 * pi/N)/2; % 多边形面积
L = 2 * N * R * sin( pi/N); % 多边形周长
fill(x,y,str)
end
axis equal square
box on
shg
```

（2）把 exm0302. m 文件保存在 MATLAB 搜索路径下，然后在命令行窗口输入下列指令：

```
[S,L] = exm0302(13,2,' - r')
```

运行结果如下，绘制的图如图 2-2 所示。

```
>>
S =
    12.0828
L =
    12.4444
```

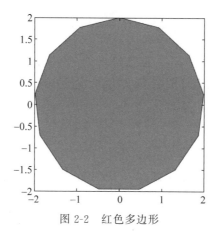

图 2-2   红色多边形

2.5.2   MATLAB 的程序结构

MATLAB 2023b 和其他高级编程语言(如 C 语言)一样,要实现复杂的功能需要编写程序文件和调用各种函数。MATLAB 语言有 3 种常用的程序控制结构:顺序结构、选择结构和循环结构。MATLAB 语言里的任何复杂程序都可以由这 3 种基本结构组成。

1. 顺序结构

顺序结构是 MATLAB 语言程序的最基本的结构,是指按照程序中的语句排列顺序依次执行,每行语句是从左往右执行,不同行语句是从上往下执行。一般数据的输入和输出、数据的计算和处理程序都是顺序结构。

1) 数据的输入

MATLAB 语言要从键盘输入数据,可以使用 input 函数,该函数的调用格式有如下两种。

(1) 第一种调用格式为

```
x = input('提示信息')
```

其中,提示信息表示字符串,用于提示用户输入什么样的数据,等待用户从键盘输入数据,赋值给变量 x。

例如,从键盘中输入变量 x,可以用下面的命令实现:

```
>> x = input('输入变量 x:')
输入变量 x:6
```

```
x =
      6
```

执行该语句时,命令行窗口显示提示信息"输入变量 x:",然后等待用户从键盘输入 x 的值。

(2) 第二种调用格式为

```
str = input('提示信息','s')
```

该格式用于用户输入一个字符串,赋值给字符变量 str。

例如,用户想从键盘输入自己的名字,赋值给字符变量 str,可以采用下面的命令实现:

```
>> str = input('what ''s your name?','s')
what's your name?zhangwei
str =
    'zhangwei'
```

执行该语句时,命令行窗口显示提示信息"what's your name?",然后等待用户从键盘输入字符变量 str 的值。

2) 数据的输出

MATLAB 语言可以在命令行窗口显示输出信息,可以用函数 disp 实现,该函数的调用格式如下:

```
disp('输出信息')
```

其中,输出信息可以是字符串,也可以是矩阵信息。

例如:

```
>> disp('What's your name?')
disp('My name is 张伟')
>> sx1
What's your name?
My name is 张伟
>> A = [1 2;3 4];
disp(A)
      1      2
      3      4
```

需要注意,用 disp 函数显示矩阵信息时不显示矩阵的变量名,输出格式更紧凑,没有空行。

【例 2-32】 从键盘输入 a、b 和 c 的值,求解一元二次方程 $ax^2 + bx + c = 0$ 的根。

程序代码:

```
a = input('a = ');
b = input('b = ');
c = input('c = ');
delt = b * b - 4 * a * c;
x1 = ( - b + sqrt(delt))/(2 * a);
x2 = ( - b - sqrt(delt))/(2 * a);
```

```
disp(['x1 = ',num2str(x1)]);
disp(['x2 = ',num2str(x2)]);
```

运行结果：

```
a = 1
b = 2
c = 3
x1 = -1 + 1.4142i
x2 = -1 - 1.4142i
```

由上面程序结果可知，MATLAB 语言的数据输入、数据处理和数据输出命令都是按照顺序结构执行的。

2. 选择结构

MATLAB 语言的选择结构是指根据选定的条件成立或者不成立，分别执行不同的语句。选择结构有下面 3 种常用语句：if 语句、switch 语句和 try 语句。

1) if 选择语句

（1）单项选择结构。

单项选择语句的格式如下：

```
if 条件
语句组
end
```

当条件成立时，执行语句组，执行完后继续执行 end 后面的语句；若条件不成立，则直接执行 end 后面的语句。

【例 2-33】　从键盘输入一个值 x，判断当 $x > 0$ 时，计算 $x^3 + \sqrt{x}$ 的值并显示。

程序代码：

```
x = input('x:');
if x > 0
y = x^2 + sqrt(x);
disp(['y = ',num2str(y)]);
end
```

运行结果：

```
>> if1
x:3
y = 10.7321
>> if1
x: -3
```

由上面的程序结果可知，当条件不满足时，直接执行 end 后面的语句。

（2）双项选择结构。

双项选择语句的格式如下：

```
if 条件 1
语句组 1
else
语句组 2
end
```

当条件 1 成立时，执行语句组 1，否则执行语句组 2，之后继续执行 end 后面的语句。

【例 2-34】 从键盘输入一个值 x，计算下面分段函数的值并显示。

$$y = \begin{cases} 6x + 4, & x > 0 \\ -6x - 4, & x < 0 \end{cases}$$

程序代码：

```
x = input('x:');
if x > 0
y = 6 * x + 4;
disp(['y = ',num2str(y)]);
else
y = -6 * x - 4;
disp(['y = ',num2str(y)]);
end
```

运行结果：

```
>> if2
x:2
y = 16
>> if2
x: -2
y = 8
```

（3）多项选择结构。

多项选择语句的格式如下：

```
if 条件 1
语句组 1
elseif 条件 2
语句组 2
    ⋮
elseif 条件 m
语句组 m
else
语句组 n
End
```

当条件 1 成立时，执行语句组 1；否则，当条件 2 成立时，执行语句组 2。以此类推，最后执行 end 后面的语句。需要注意，if 和 end 必须配对使用。

【例 2-35】 从键盘输入一个值 x，计算下面的分段函数。

$$y = \begin{cases} x^2 + 3x - 2, & x > 0 \\ 0, & x = 0 \\ -6x + 20, & x < 0 \end{cases}$$

程序代码：

```
x = input('x:');
if x > 0
y = x^2 + 3 * x - 2;
disp(['y = ',num2str(y)]);
elseif x == 0
y = 0;
disp(['y = ',num2str(y)]);
else
y = - 6 * x + 20;
disp(['y = ',num2str(y)]);
end
```

运行结果：

```
>> if3
x:1
y = 2
>> if3
x:0
y = 0
>> if3
x: - 1
y = 26
```

2）switch 选择语句

在 MATLAB 语言中，switch 语句也用于多项选择。根据表达式的值的不同，分别执行不同的语句组。该语句的格式如下：

```
switch 表达式
case 表达式 1
语句组 1
case 表达式 2
语句组 2
   ⋮
case 表达式
语句组 m
otherwise
语句组 n
end
```

当表达式的值等于表达式 1 的值时，执行语句组 1；当表达式的值等于表达式 2 的值时，执行语句组 2；以此类推，当表达式的值等于表达式 m 的值时，执行语句组 m；当表达式的值不等于 case 所列表达式的值时，执行语句组 n。需要注意，当任意一个 case 表达式为真，执行完其后的语句组，直接执行 end 后面的语句。

【例 2-36】 某商场春节假期搞打折活动,对顾客所购商品总价打折,折扣率标准如下,从键盘输入顾客所购商品总价,计算打折后总价。

$$rate = \begin{cases} 0\%, & money < 1000 \\ 3\%, & 1000 \leqslant money < 1500 \\ 5\%, & 1500 \leqslant money < 2000 \\ 7\%, & 2000 \leqslant money < 2500 \\ 9\%, & 2500 \leqslant money \end{cases}$$

程序代码:

```
price = input('price:');
num = fix(price/500);
switch num
case {0,1}
rate = 0;
case 2
rate = 3/100;
case 3
rate = 5/100;
case 4
rate = 7/100;
otherwise
rate = 9/100;
end
discount_price = price * (1 - rate)
format short g
```

运行结果:

```
>> switch1
price:764
discount_price =
    764
>> switch1
price:1000
discount_price =
    970
>> switch1
price:2000
discount_price =
        1860
>> switch1
price:3000
discount_price =
        2730
```

3) try 选择语句

在 MATLAB 语言里,try 语句是一种试探性执行语句,该语句的格式为

```
try
```

```
语句组 1
catch
语句组 2
end
```

try 语句先试探执行语句组 1,如果语句组 1 在执行过程中出错,可调用 lasterr 函数查询出错的原因,将错误信息赋值给系统变量 lasterr,并转去执行语句组 2。

【例 2-37】 试用 try 语句求函数 $y = x\cos(x)$ 的值。自变量的取值范围:$0 \leqslant x \leqslant 3$,步长为 0.3。

程序代码:

```
x = 0:0.3:3
try
y = x * cos(x);
catch
y = x. * cos(x);
end
y
lasterr
```

运行结果:

```
>> try1
x =
  列 1 至 7

            0          0.3          0.6          0.9          1.2          1.5
  1.8
  列 8 至 11
         2.1          2.4          2.7            3
y =
  列 1 至 7
            0       0.2866       0.4952      0.55945      0.43483      0.10611
 - 0.40896
  列 8 至 11
      - 1.0602      - 1.7697      - 2.441      - 2.97
ans =
    '错误使用   *
     用于矩阵乘法的维度不正确。请检查并确保第一个矩阵中的列数与第二个矩阵中的行数匹配。
要单独对矩阵的每个元素进行运算,请使用 TIMES ( . * )执行按元素相乘。'
```

3. 循环结构

循环结构是 MATLAB 语言的一种非常重要的程序结构,它按照给定的条件,重复执行指定的语句。MATLAB 语言提供两种循环结构语句:循环次数确定的 for 循环语句和循环次数不确定的 while 循环语句。

1) for 循环语句

for 循环语句是 MATLAB 语言的一种重要的程序结构,它以指定次数重复执行循环体

内的语句。for 循环语句的格式为

```
for 循环变量 = 表达式 1:表达式 2:表达式 3
循环体语句
end
```

其中：

(1) 表达式 1 的值为循环变量的初始值,表达式 2 的值为步长,表达式 3 的值为循环变量的终值。

(2) 当步长为 1 时,可以省略表达式 2。

(3) 当步长为负值时,初值大于终值。

(4) 循环体内不能对循环变量重新设置。

(5) for 循环允许嵌套使用。

(6) for 和 end 配套使用,且小写。

for 循环语句的流程：首先计算 3 个表达式的值,将表达式 1 的值赋给循环变量 k,然后判断 k 值是否介于表达式 1 和表达式 3 之间,如果不是,则结束循环；如果是,则执行循环体语句,k 增加一个表达式 2 的步长,然后再判断 k 值是否介于表达式 1 和表达式 3 的值之间,直到条件不满足,结束循环为止。

【例 2-38】 利用 for 循环语句,求解 1～999 的数字之和。

程序代码：

```
sum = 0;
for k = 1:999
sum = sum + k;
end
sum
```

运行结果：

```
>> for1
sum =
      499500
```

【例 2-39】 利用 for 循环语句,验证当 n 等于 99 和 999 时,y 的值。

$$y = 1 + \frac{1}{2} + \frac{1}{3} + \frac{1}{4} + \cdots + \frac{1}{n}$$

程序代码：

```
format short g
n = input('n:');
tic
sum = 0;
for i = 1:n
sum = sum + (i + 1)/i;
end
sum
toc
```

运行结果：

```
>> for2
n:99
sum =
        104.18
历时 0.000682 秒。
>> for2
n:999
sum =
        1006.5
历时 0.001755 秒。
```

循环的嵌套(也称多重循环)是指在一个循环结构的循环体中又包含另一个循环结构多重循环。设计多重循环时要注意外循环和内循环之间的关系，以及各循环体语句的放置位置。总的循环次数是外循环次数与内循环次数的乘积。可以用多个 for 和 end 配套实现多重循环。

【例 2-40】 利用 for 循环的嵌套语句，求解 $x(i,j)=i^2+j^2, i\in[1:6], j\in[7:1]$。

程序代码：

```
for i = 1:6
for j = 7: − 1:1
x(i,j) =  i^2 + j^2;
end
end
x
```

运行结果：

```
>> for3
x =
        2      5     10     17     26     37     50
        5      8     13     20     29     40     53
       10     13     18     25     34     45     58
       17     20     25     32     41     52     65
       26     29     34     41     50     61     74
       37     40     45     52     61     72     85
```

2）while 循环语句

while 循环语句是 MATLAB 语言的一种重要的程序结构，它在满足条件下重复执行循环体内的语句，而且循环次数一般是不确定的。while 循环语句的格式如下：

```
while 条件表达式
循环体语句
end
```

其中，当条件表达式为真时，执行循环体语句，修改循环控制变量，再次判断表达式是否为真，直至条件表达式为假，跳出循环体。while 和 end 匹配使用。

【例 2-41】 利用 while 循环语句，求解当 $sum=1+2+\cdots+n\geqslant999$ 时，最小正整数 n 的值。

程序代码：

```
clear
sum = 0;
n = 0;
while sum < 999
n = n + 1; sum = sum + n;
end
sum
n
```

运行结果：

```
>> while1
sum =
        1035
n =
    45
```

4. 其他常用控制指令

MATLAB 语言有许多程序控制命令，主要有 pause(暂停)命令、continue(继续)命令、break(中断)命令和 return(退出)命令等。

1）pause 命令

在 MATLAB 语言中，pause 命令可以使程序运行停止，等待用户按任意键继续，也可设定暂停时间。该命令的调用格式如下：

```
pause  % 程序暂停运行,按任意键继续
pause(n)  % 程序暂停运行 n 秒后继续运行
```

2）continue 命令

MATLAB 语言的 continue 命令一般用于 for 或 while 循环语句中，与 if 语句配套使用，达到跳出本次循环执行下次循环的目的。

3）break 命令

MATLAB 语言的 break 命令一般用于 for 或 while 循环语句中，与 if 语句配套使用终止循环或跳出最内层循环。

4）return 命令

MATLAB 语言的 return 命令一般用于直接退出程序，与 if 语句配套使用。

本章习题

1. 用冒号生成矩阵 $A = [2\ 4\ 6\ 8\ 10\ 12\ 14\ 16\ 18]$ 和矩阵 $B = [1\ 1.1\ 1.2\ 1.3\ 1.4\ 1.5\ 1.6\ 1.7\ 1.8]$。

2. 利用特殊矩阵生成函数，创建以下特殊矩阵：

$$A = \begin{bmatrix} 0 & 0 & 0 \\ 0 & 0 & 0 \\ 0 & 0 & 0 \end{bmatrix}, B = \begin{bmatrix} 1 & 0 & 0 \\ 0 & 1 & 0 \\ 0 & 0 & 1 \end{bmatrix}, C = \begin{bmatrix} 1 & 0 & 0 \\ 0 & 2 & 0 \\ 0 & 0 & 3 \end{bmatrix},$$

$$D = \begin{bmatrix} 1 & 1 & 1 \\ 1 & 1 & 1 \\ 1 & 1 & 1 \end{bmatrix}, E = \begin{bmatrix} 0 & 1 & 1 \\ 0 & 0 & 1 \\ 0 & 0 & 0 \end{bmatrix}, F = \begin{bmatrix} 0 & 0 & 0 \\ 1 & 0 & 0 \\ 1 & 1 & 0 \end{bmatrix}$$

3. 生成三阶魔方矩阵,验证每行和每列元素之和是否相等。

4. 已知矩阵 $A = \begin{bmatrix} 2 & 4 & 8 & 5 \\ 6 & 4 & 6 & 3 \\ 5 & 2 & 5 & 11 \\ 9 & 2 & 2 & 3 \end{bmatrix}$,对矩阵 A 实现上下翻转、左右翻转和逆时针旋转 $90°$。

5. 已知矩阵 $A = \begin{bmatrix} 4 & 6 & 3 \\ 7 & 2 & 1 \\ 4 & 9 & 8 \end{bmatrix}$ 和 $B = \begin{bmatrix} 4 & 2 & 1 \\ 3 & 5 & 2 \\ 1 & 3 & 4 \end{bmatrix}$,用 MATLAB 分别实现 A 和 B 两个矩阵的加、减、乘、点乘、左除和右除操作。

6. 已知矩阵 $A = \begin{bmatrix} 1 & 4 & 5 \\ 5 & 2 & 11 \\ 9 & 2 & 3 \end{bmatrix}$,求矩阵 A 的平方、开方和 e 指数矩阵。

7. 已知矩阵 $A = \begin{bmatrix} 5 & 2 & 7 \\ 1 & 6 & 9 \\ 3 & 4 & 8 \end{bmatrix}$,求矩阵 A 的逆、秩,伴随矩阵以及特征值与特征向量。

8. 将矩阵 $A = \begin{bmatrix} 1 & 2 & 3 \\ 6 & 4 & 4 \\ 4 & 2 & 1 \end{bmatrix}$ 中的第一行元素替换为 $\begin{bmatrix} 3 & 2 & 1 \end{bmatrix}$,然后将最后一列元素替换为 $\begin{bmatrix} 6 \\ 3 \\ 3 \end{bmatrix}$,最后删除矩阵 A 的第二行元素。

9. 将矩阵 $A = \begin{bmatrix} 9 & 8 & 7 \\ 6 & 5 & 4 \\ 3 & 2 & 1 \end{bmatrix}$ 用 fipud、fiplr、rot90、diag、triu 和 tril 函数进行操作。

10. 简述 M 脚本文件和 M 函数文件的主要区别。

11. 编写 M 脚本文件,使用 if 结构显示学生成绩为是否合格(大于或等于 60 分为合格),学生成绩分别为 47、60 和 84。

12. 编写 M 脚本文件,从键盘输入数据,使用 switch 结构判断输入的数据是奇数还是偶数,并显示提示信息。

13. 编写 M 脚本文件,分别使用 for 和 while 循环语句计算 $sum = \sum_{i=1}^{10} i^2 + i$,当 sum > 1000 时终止程序。

14. 编写 M 函数文件,输入参数和输出参数都是两个,当输入参数只有一个时,输出一个参数;当输入参数为两个时,输出该两个参数;当没有输入参数时,输出一个 0。

15. 编写 M 函数文件,输入参数个数随意,输出参数为 1 个,当输入参数超过 0 个时,输出所有参数的和;当没有输入参数时,输出 0。

本章主要介绍多项式的运算和方程式的求解。

3.1 多项式

多项式在代数中占有重要的地位,广泛用于数据插值、数据拟合和信号与系统等应用领域。MATLAB 提供了各种多项式的运算方法,使用起来非常简单方便。

3.1.1 多项式的运算

多项式通式可以表示为

$$f(x) = a_n x^n + a_{n-1} x^{n-1} + \cdots + a_1 x^1 + a_0$$

多项式之间可以进行四则运算,其结果仍为多项式。在 MATLAB 中,用多项式系数向量进行四则运算,得到的结果仍为多项式系数向量。

1. 多项式的加减运算

MATLAB 没有提供多项式加减运算的函数。事实上,多项式的加减运算是合并同类型的运算,可以用多项式系数向量的加减运算实现。如果多项式阶次不同,则把低次多项式系数不足的高次项用 0 补足,使多项式系数矩阵具有相同维度,以便进行加减运算。

poly2sym 函数可以把输入的系数转换成符号多项式,而 sym2poly 函数为 poly2sym 函数的逆函数,它可以将多项式转换成系数。

语法格式:

```
syms  x;              % 定义 x 为符号变量
p = [an  …  a1  a0]   % 输入多项式系数
fx = poly2sym(p,x)    % 由系数转换为多项式
p = sym2poly(fx)      % 由多项式转换为系数
```

2. 多项式的乘法运算

在 MATLAB 中,两个多项式的乘积运算可以用函数 conv 实现,其调用格式为

p = conv(p1,p2)

其中,p1 和 p2 是两个多项式的系数向量;p 是两个多项式乘积的系数向量。

3. 多项式的除法运算

在 MATLAB 中,两个多项式的除法运算可以用函数 deconv 实现,其调用格式为

[q,r] = deconv(p1,p2)

其中,q 为多项式 p1 除以 p2 的商式;r 为多项式 p1 除以 p2 的余式。q 和 r 都是多项式系数向量。

deconv 函数是 conv 函数的逆函数,即满足 p1＝conv(p2,q)＋r。

【例 3-1】 已知两个多项式:$f(x)=x^4+2x^3+2x^2+x+6$,$g(x)=2x^3-2x^2+1$。

(1) 求两个多项式相加和相减的结果。

(2) 求两个多项式相乘和相除的结果。

程序代码:

```
p1 = [1 2 2 1 6];
p2 = [0 2 2 0 1];
p3 = [2 2 0 1];
p = p1 + p2
poly2sym(p)  % 多项式系数表示成符号表达式
p = p1 - p2
poly2sym(p)
p = conv(p1,p2)
poly2sym(p)
[q,r] = deconv(p1,p3)
p4 = conv(q,p3) + r  % 验证 deconv 是 conv 的逆函数
```

运行结果:

```
p =
     1    4    4    1    7
ans =
x^4 + 4*x^3 + 4*x^2 + x + 7
p =
     1    0    0    1    5
ans =
x^4 + x + 5
p =
     0    2    6    8    7    16    14    1    6
ans =
2*x^7 + 6*x^6 + 8*x^5 + 7*x^4 + 16*x^3 + 14*x^2 + x + 6
q =
     0.5000    0.5000
```

```
r =
            0          0     1.0000     0.5000     5.5000
p4 =
       1     2     2     1     6
```

下面进行符号多项式和多项式系数之间的相互转化。

程序代码：

```
syms x;
p = 2 * x^7 + 6 * x^6 + 8 * x^5 + 7 * x^4 + 16 * x^3 + 14 * x^2 + x + 6;
p1 = sym2poly(p)
p2 = poly2sym(p1)
```

运行结果：

```
p1 =

     2     6     8     7     16     14     1     6
p2 =

2 * x^7 + 6 * x^6 + 8 * x^5 + 7 * x^4 + 16 * x^3 + 14 * x^2 + x + 6
```

3.1.2 多项式的值和根

1. 多项式的值

在 MATLAB 中,求多项式的值可以用 polyval 函数和 polyvalm 函数。它们的输入参数都是多项式系数和自变量,区别是前者是代数多项式求值,后者是矩阵多项式求值。

1) 代数多项式求值

polyval 函数可以求代数多项式的值,其调用格式为

```
y = polyval(p,x)
```

其中,p 为多项式的系数；x 为自变量。若 x 为一个数值,则求多项式在该点的值；若 x 为向量或矩阵,则对向量或矩阵的每个元素求多项式的值。

【例 3-2】 已知多项式 $f(x) = x^3 + 3x^2 + 2x + 7$,分别求 $x = 2$ 和 $x = [0, 2, 4, 6, 8, 10]$ 时的多项式的值。

程序代码：

```
x1 = 2;
x = [0:2:10];
p = [1 3 2 7];
y1 = polyval(p,x1)
y = polyval(p,x)
```

运行结果：

```
y1 =
     31
y =
             7        31        127       343       727       1327
```

2）矩阵多项式求值

polyvalm 函数以矩阵为自变量求多项式的值,其调用格式为

```
Y = polyvalm(p,X)
```

其中,p 为多项式系数;X 为自变量,要求为方阵。在 MATLAB 中,用 polyvalm 函数和 polyval 函数求多项式的值是不一样的,因为运算规则不一样。例如,假设 A 为方阵,p 为多项式 $x-5x+6$ 的系数,则 polyvalm(p,A)表示 A * A-5 * A+6 * eye(size(A)),而 polyval(p,A)表示 A * A-5 * A+6 * ones(size(A))。

【例 3-3】 已知多项式 $f(x)=2x^2+4x-5$,分别用 polyvalm 函数和 polyval 函数,求 $X=\begin{bmatrix} 2 & 4 \\ 1 & 2 \end{bmatrix}$ 的多项式的值。

程序代码:

```
X = [2 4;1 2];
p = [2 4 -5];
Y = polyvalm(p,X)
Y1 = polyval(p,X)
```

运行结果:

```
Y =
    19    48
    12    19
Y1 =
    11    43
     1    11
```

2. 多项式的根

一个 n 次多项式有 n 个根,这些根有的是实根,有的包含若干对共轭复根。MATLAB 提供了 roots 函数用于求多项式的全部根,其调用格式为

```
r = roots(p)
```

其中,p 为多项式的系数向量;r 为多项式的根向量,r(1),r(2),…,r(n)分别表示多项式的 n 个根。

MATLAB 提供了一个可由多项式的根求多项式的系数的函数 poly,其调用格式为

```
p = poly(r)
```

其中,r 为多项式的根向量;p 为由根 r 构造的多项式系数向量。

【例 3-4】 已知多项式 $f(x)=x^4+2x^3-4x+1$。

（1）用 roots 函数求该多项式的根 r。

（2）用 poly 函数求根为 r 的多项式系数。

程序代码：

```
p = [1 2 0 - 4 1];
r = roots(p)
p1 = poly(r)
```

运行结果：

```
r =
  - 1.6300 + 1.0911i
  - 1.6300 - 1.0911i
    1.0000 + 0.0000i
    0.2599 + 0.0000i
p1 =
    1.0000    2.0000   - 0.0000   - 4.0000    1.0000
```

显然，roots 函数和 poly 函数的功能正好相反。

3.1.3　多项式部分分式展开

对分子多项式 $B(s)$ 和分母多项式 $A(s)$ 构成的分式表达式进行多项式的部分分式展开，表达式如下：

$$\frac{B(s)}{A(s)} = \frac{r_1}{s - p_1} + \frac{r_2}{s - p_2} + \cdots + \frac{r_n}{s - p_n} + k(s)$$

MATLAB 可以用 residue 函数实现多项式的部分分式展开，其调用格式如下：

```
[r,p,k] = residue(B, A)
```

其中，B 为分子多项式系数行向量；A 为分母多项式系数行向量；$[p_1; p_2; \cdots; p_n]$ 为极点列向量；$[r_1; r_2; \cdots; r_n]$ 为零点列向量；k 为余式多项式行向量。

residue 函数还可以将部分分式展开式转换为两个多项式的除的分式，其调用格式为

```
[B,A] = residue(r,p,k)
```

【例 3-5】　已知分式表达式 $f(s) = \dfrac{B(s)}{A(s)} = \dfrac{s+1}{s^2 - 4s + 2}$

（1）求 $f(s)$ 的部分分式展开式。

（2）将部分分式展开式转换为分式表达式。

程序代码：

```
a = [1 - 4 2];
b = [0 0 1 1]
[r,p,k] = residue(b,a)
[b1,a1] = residue(r,p,k)
```

运行结果：

```
r =
     1.5607
   − 0.5607
p =
     3.4142
     0.5858
k =
     [ ]
b1 =
     1.0000    1.0000
al =
     1     − 4     2
```

3.1.4　多项式的微分和积分

1. 多项式的微分

对于 n 阶多项式 $p(x) = a_n x^n + a_{n-1} x^{n-1} + \cdots + a_1 x^1 + a_0$，其导数为 $n-1$ 阶多项式 $\mathrm{d}p(x) = na_n x^{n-1} + (n-1)a_{n-1} x^{n-2} + \cdots + a_1$。原多项式及其导数多项式的系数分别为 $\boldsymbol{p} = [a_1, a_{n-1}, \cdots, a_1, a_0], \boldsymbol{d} = [na_n, (n-1)a_{n-1}, \cdots, a_1]$。

在 MATLAB 中，可以用 polyder 函数实现多项式的微分运算。polyder 函数可以对单个多项式求导，也可以对两个多项式的积和商求导，其调用格式如下：

```
p = polyder(p1)              % 求多项式 p1 的导数
p = polyder(p1,p2)           % 求多项式 p1 * p2 的导数
[p,q] = polyder(p1,p2)       % 求多项式 p1/p2 的导数,p 为导数的分子多项式系数,q 为导数的分子
                             % 多项式系数
```

【例 3-6】　已知两个多项式为 $f(x) = x^4 + 2x^3 + 2x^2 + x + 6, g(x) = 2x^3 - 2x^2 + 1$。

(1) 求 $f(x)$ 的导数。

(2) 求 $f(x) * g(x)$ 的导数。

(3) 求 $g(x)/f(x)$ 的导数。

程序代码：

```
p1 = [1 2 2 1 6];
p2 = [2 − 2 0 1];
p = polyder(p1)
poly2sym(p)
p = polyder(p1, p2)
poly2sym(p)
[p,q] = polyder(p2,p1)
```

运行结果：

```
p =
     4     6     4     1
ans =
4 * x^3 + 6 * x^2 + 4 * x + 1
p =
    14    12     0    -4    36   -20     1
ans =
14 * x^6 + 12 * x^5 - 4 * x^3 + 36 * x^2 - 20 * x + 1
p =
    -2     4     8     0    28   -28    -1
q =
     1     4     8    10    20    28    25    12    36
```

2. 多项式的积分

对于 n 阶多项式 $p(x) = a_n x^n + a_{n-1} x^{n-1} + \cdots + a_1 x^1 + a_0$，其不定积分为 $n+1$ 阶多

项式 $i(x) = \frac{1}{n+1} a_n x^{n+1} + \frac{1}{n} a_{n-1} x^n + \cdots + \frac{1}{2} a_1 x^2 + a_0 x + k$，其中 k 为常数项。原多项式

和积分多项式分别可以表示为系数向量 $\boldsymbol{p} = [a_n, a_{n-1}, \cdots, a_1, a_0]$，$\boldsymbol{I} = \left[\frac{1}{n+1} a_n, \frac{1}{n} a_{n-1}, \cdots, \right.$

$\left. \frac{1}{2} a_1, k \right]$。

在 MATLAB 中，提供了 polyint 函数用于多项式的积分。其调用格式为

```
I = polyint(p,k)    % 求以 p 为系数的多项式的积分,k 为积分常数项
I = polyint(p)      % 求以 p 为系数的多项式的积分,积分常数项为默认值 0
```

显然 polyint 是 polyder 的逆函数，即有 p＝polyder(I)。

【例 3-7】 求多项式的积分 $I = \int (x^4 + 4x^3 + 2x^2 - 1x + 6) \mathrm{d}x$。

程序代码：

```
p = [1 4 2 -1 6];
I = polyint(p)
poly2sym(I)
p = polyder(I)
syms k
I1 = polyint(p,k)
poly2sym(I1)
```

运行结果：

```
I =
    0.2000    1.0000    0.6667   -0.5000    6.0000         0
ans =
x^5/5 + x^4 + (2 * x^3)/3 - x^2/2 + 6 * x
p =
     1     4     2    -1     6
```

```
I1 =
[1/5, 1, 2/3, -1/2, 6, k]
ans =
x^5/5 + x^4 + (2*x^3)/3 - x^2/2 + 6*x + k
```

3.1.5　多项式曲线拟合

数据拟合的目的是用一个较为简单的函数 $g(x)$ 去逼近一个未知的函数 $f(x)$。利用已知测量的数据 $(x_i, y_i)(i=1,2,\cdots,n)$，构造函数 $y=g(x)$，使得误差 $\delta=g(x_i)-f(x_i)$ $(i=1,2,\cdots,n)$ 在某种意义上达到最小。

一般用得比较多的是多项式拟合，即利用已知测量的数据 $(x_i, y_i)(i=1,2,\cdots,n)$，构造一个 $m(m<n)$ 次多项式 $p(x)$：

$$p(x)=a_n x^n+a_{n-1}x^{n-1}+\cdots+a_1 x^1+a_0$$

使得拟合多项式在各采样点处的偏差的平方和 $\sum\limits_{i=1}^{n}(p(x_i)-y_i)^2$ 最小。在 MATLAB 中，用 polyfit 函数可以实现最小二乘意义的多项式拟合。polyfit 函数求的是多项式的系数向量，该函数的调用格式为

```
p = polyfit(x,y,n)
[p,S] = polyfit(x,,n)
```

其中，p 为最小二乘意义上的 n 阶多项式系数向量，长度为 n+1；x 和 y 为数据点向量，要求是等长的向量；S 为采样点的误差结构体，包括 R、df 和 normr 分量，分别表示将 x 进行 QR 分解为三角元素、自由度和残差。

【例 3-8】　在 MATLAB 中，用 polyfit 函数实现一个 4 阶和 5 阶多项式，在区间 $[0,3]$ 内逼近函数 $f(x)=2e^{-0.6x}\sin x$，利用绘图的方法，比较拟合的 4 阶多项式、5 阶多项式和 $f(x)$ 的区别。

程序代码：

```
clear
x = linspace(0,3 * pi,30);
y = 2 * exp( - 0.6 * x). * sin(x);
[pl,s1] = polyfit(x,y,4)
g1 = poly2str(pl,'x')    % 将拟合后的多项式系数转换为字符形式
[p2,s2] = polyfit(x,y,5)
g2 = poly2str(p2,'x')
y1 = polyval(pl,x);
y2 = polyval(p2,x);
plot(x,y,'- * ',x,y1,':o',x,y2,': + ')
[p2,s2] = polyfit(x,y,5)
g2 = poly2str(p2,'x')
y1 = polyval(pl,x);
y2 = polyval(p2,x);
```

```
plot(x,y,'- * ',x,y1,':o',x,y2,': + ')
legend('f(x)','4 阶多项式','5 阶多项式')
```

运行结果如图 3-1 所示。

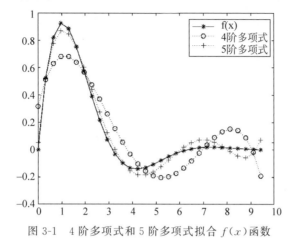

图 3-1　4 阶多项式和 5 阶多项式拟合 $f(x)$ 函数

由上述例题结果可知,用高阶多项式拟合 $f(x)$ 函数的效果更好,误差小,更加逼近实际函数 $f(x)$。

3.2　方程式

解方程在数学中是非常重要的,MATLAB 为方程的求解提供了强大的工具。符号方程分为代数方程和微分方程,下面介绍这两种方程的求解。

3.2.1　代数方程及代数方程组的求解

一般的代数方程包括线性方程、非线性方程和超越方程。当方程不存在解析解而又无其他自由参数时,MATLAB 提供了 solve 函数求取方程的数值解。命令格式如下:

```
solve ( 'eqn', 'v' )                %求方程关于指定变量 v 的解
solve( 'eqn1', 'eqn2', …, 'v1', 'v2', … ) %求方程组关于指定变量的解
```

说明:

(1) eqn 和 eqn1,eqn2,…是符号方程,可以是含等号的方程或不含等号的符号表达式。不含等号所指的仍是令 eqn＝0 的方程;v1,v2,…可省略,当省略时默认为方程中的符号变量。

(2) 其输出结果有 3 种情况:若单个方程有单个输出参数,则输出参数是由多个解构成的列向量;若输出参数和方程数目相同,则每个输出参数一个解,并按照字母表的顺序排列;若方程组只有一个输出参数,则输出参数为结构矩阵的形式。

【例 3-9】 使用 solve 求解下列两个方程组。

$$\begin{cases} \dfrac{1}{x} + \dfrac{1}{y} = a \\[2mm] \dfrac{1}{x} + \dfrac{1}{z} = b \\[2mm] \dfrac{1}{y} + \dfrac{1}{z} = c \end{cases} \quad 和 \quad \begin{cases} x^2 + xy + y = 0 \\[1mm] x^2 - 4x + 3 = 0 \end{cases}$$

程序代码：

```
syms a b c x
eqn1 = 1/x + 1/y == a;
eqn2 = 1/x + 1/z == b;
eqn3 = 1/y + 1/z == c;
eqns = [eqn1 eqn2 eqn3]
S = solve(eqns)
```

运行结果：

```
S =
  包含以下字段的 struct:
    x: 2/(a + b − c)
    y: 2/(a − b + c)
    z: 2/(b − a + c)


syms a b c x
eqn1 = x^2 + x*y + y == 0;
eqn2 = x^2 − 4*x + 3 == 0;
eqns = [eqn1 eqn2]
S = solve(eqns)
S.x
```

从工作空间可以看到，变量 S 是结构数组，因为方程的个数是两个而输出参数只有一个 S。若需求方程关于 x 的解，则可输出 S.x(S.x 是方程关于 x 的)解。S 与 S.x 的结果如下：

```
S =
  包含以下字段的 struct:
    x: [2×1 sym]
    y: [2×1 sym]
ans =
1
3
```

3.2.2　微分方程及微分方程组的求解

1. 使用 dsolve 函数求解

微分方程的求解比代数方程要稍微复杂一些，微分方程按照自变量的个数可以分为常微分方程和偏微分方程,微分方程可能得不到简单的解析解或封闭式的解,往往不能找到通用的方法。MATLAB 提供 dsolve 函数来求解常微分方程的解析解(也称为符号解),命令格式如下:

```
dsolve('eqn','cond','v')                         % 求解微分方程
dsolve('eqn1,eqn2,…','cond1,cond2,…','v1,v2,…')  % 求解微分方程组
```

(1) 求解微分方程组时,eqn 和 eqnl,eqn2,…是符号常微分方程,方程组最多可允许 12 个方程,在方程中,D 表示微分,D2、D3 分别表示二阶、三阶微分,Dy 表示 y 的一阶导数 dy/dx 或 dy/dt。

(2) cond 是初始条件,可省略,应写成"y(a)=b,Dy(c)=d"的格式,当初始条件少于微分方程数时,在所得解中将出现任意常数符 C1,C2,…,解中任意常数符的数目等于所缺少的初始条件数,是微分方程的通解;v1,v2,…是符号变量,表示微分自变量可省略,如果省略则默认为符号变量 t。

【例 3-10】 使用 dsolve 函数求解常微分方程,常微分方程为

$$(t^2 - 1)^2 \frac{\mathrm{d}^2}{\mathrm{d}t^2} y(t) + (t+1) \frac{\mathrm{d}}{\mathrm{d}x} y(t) - y(t) = 0$$

程序代码:

```
syms y(t)
eqn = (t^2-1)^2 * diff(y,2) + (t+1) * diff(y) - y == 0;
S = dsolve(eqn)
S = dsolve(eqn,'ExpansionPoint',-1)   % 返回 t=-1 周围的微分方程的级数解
```

运行结果:

```
S1 =
C2 * (t + 1) + C1 * (t + 1) * int((exp(1/(2 * (t - 1))) * (1 - t)^(1/4))/(t + 1)^(9/4), t,
'IgnoreSpecialCases', true, 'IgnoreAnalyticConstraints', true)
S2 =
t + 1
1/(t + 1)^(1/4) - (5 * (t + 1)^(3/4))/4 + (5 * (t + 1)^(7/4))/48 + (5 * (t + 1)^(11/4))/
336 + (115 * (t + 1)^(15/4))/33792 + (169 * (t + 1)^(19/4))/184320
```

【例 3-11】 使用 dsolve 函数求解微分方程组,微分方程组为

$$\begin{cases} \dfrac{\mathrm{d}x}{\mathrm{d}t} = 2y \\ \dfrac{\mathrm{d}y}{\mathrm{d}t} = -3x \end{cases}$$

程序代码:

```
syms y(t) x(t)
[x,y] = dsolve('Dx = 2 * y,Dy = -3 * x')
```

运行结果:

```
x =
(6^(1/2) * C2 * cos(6^(1/2) * t))/3 + (6^(1/2) * C1 * sin(6^(1/2) * t))/3
y =
C1 * cos(6^(1/2) * t) − C2 * sin(6^(1/2) * t)
```

2. 使用 ode 函数求解

前面介绍了如何利用 MATLAB 中的 dsolve 函数求解常微分方程,当求取精确解困难时,MATLAB 也为常微分方程提供了 7 种求解数值解的方法,包括 ode45、ode23、ode113、ode15s、ode23s、ode23t 和 ode23tb 函数,各函数的命令格式如下:

```
[t,y] = ode45(fun,ts,y0 ,options)    % 解常微分方程
```

说明:fun 是函数句柄或函数名;ts 是自变量范围,可以是区间$[t0,tf]$,也可以是向量$[t0,\cdots,tf]$;y0 是初始值,是和 y 具有同样长度的列向量;options 是设定微分方程解法器的参数,可省略,可以由 odeset 函数获得。

MATLAB 提供的 7 种数值求解函数的命令格式都与 ode45 函数的相似,功能有所不同,如表 3-1 所示。

表 3-1　常微分方程组 7 种数值求解的函数表

函数名	算　　法	适用系统	精度	特　　　点
ode45	4/5 阶龙格-库塔法	非刚性方程	中	最常用的解法,单步算法,不需要附加初始值
ode23	2/3 阶龙格-库塔法	非刚性方程	低	单步算法,在误差允许范围较宽或存在轻微刚度时性能比 ode45 函数好
ode113	可变阶 AdamsPece 算法	非刚性方程	低-高	多步算法,误差允许范围较严时比 ode45 函数好
ode15s	可变阶的数值微分算法	刚性方程	低-中	多步算法,当系统是刚性时,可以尝试该算法
ode23s	基于改进的 Rosenbrock 公式	刚性方程	低	单步算法,可以解决用 ode15s 函数效果不好的刚性方程
odes23t	自由内插实现的梯形规则	轻微刚性方程	低	给出的解无数值衰减
ode23tb	TR-BDF2 算法,即龙格-库塔法,第一级采用梯形规则,第二级采用 Gear 法	刚性方程	低	对误差允许范围较宽时比 ode15s 函数好

刚性方程是指与常微分方程组的 Jocabian 矩阵的特征值相差悬殊的方程;单步算法是指根据前一步的解计算出当前解;多步算法是指需要前几步的解来计算出当前解。

【例 3-12】　使用 ode45 函数求解非刚性微分方程。

$$y_1'' - 1.2(1 - y_1^2)y_1' + y_1 = 0$$

先将二阶微分方程式变换成一阶微分方程组:

$$y_1' = y_2$$

$$y'_2 = -1.2(1 - y_1^2)y_2 - y_1$$

程序代码：

```
function dydt = vdp1(t,y)
dydt = [y(2); 1.2 * (1 - y(1)^2) * y(2) - y(1)];
[t,y] = ode45(@vdp1,[0 20],[2; 0]);
plot(t,y(:,1),'-o',t,y(:,2),'-o')
% 绘制 y1、y2 图像曲线,y 的第一列与 y1 相对应,第二列与 y2 相对应
title('Solution of van der Pol Equation (\mu = 1) with ODE45');
xlabel('Time t');
ylabel('Solution y');
legend('y_1','y_2')
```

运行结果如图 3-2 所示。

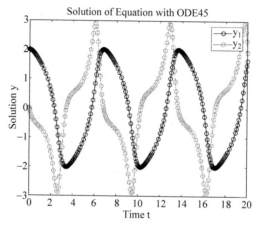

图 3-2 微分方程组解的曲线图

本章习题

1. 已知两个多项式： $f(x) = 6x^4 + 4x^3 + x + 10, g(x) = 7x^3 + 4x^2 - 3x + 8$,求 $f(x) + g(x)$、$f(x) - g(x)$、$f(x) * g(z)$ 和 $f(x)/g(x)$ 的结果。

2. 已知多项式 $f(x) = 6x^3 + 2x^2 + 7x + 87$,分别求 $x = 3.14$ 和 $x = [1,5,10,14,20,25]$ 的多项式的值。

3. 已知多项式 $f(x) = 5x^2 - 8x + 14$,分别用 polyvalm 和 polyval 函数求 $\boldsymbol{X} = \begin{bmatrix} 1 & 2 \\ 3 & 4 \end{bmatrix}$ 的多项式的值。

4. 已知多项式 $f(x) = 2x^4 + x^3 - 3x + 10$,用 roots 函数求该多项式的根 r,用 poly 函数求根为 r 的多项式系数。

5. 已知两个多项式： $a(x) = 5x^4 + 4x^3 + 3x^2 + 2x + 1, b(x) = 3x + 1$,计算 $c(x) = a(x)b(x)$,并计算 $c(x)$ 的根。当 $x = 2$ 时,计算 $c(x)$ 的值,并将 $b(x)/a(x)$ 进行部分分式

展开。

6. 创建一个向量来表示多项式 $p(x) = 3x^5 - 2x^3 + x + 5$，并对多项式求导。

7. 已知两个多项式：$f(x) = 5x^4 + 3x^3 + 4x^2 - 3x - 1, g(x) = 6x^3 - 2x^2 + x + 7$，求多项式 $f(x)$ 的导数，求两个多项式乘积 $f(x) * g(x)$ 的导数，求两个多项式相除 $g(x) / f(x)$ 的导数。

8. 求多项式的积分，即求 $I = \int (5x^3 + 3x^2 - 8x + 1)\mathrm{d}x$ 。

9. 已知 x 的取值范围为 $0 \sim 20$，计算多项式 $y = 5x^4 + 4x^3 + 3x^2 + 2x + 1$ 的值，并根据 x 和 y 进行二阶、三阶和四阶拟合。

10. 求解如下符号方程组的解。

$$\begin{cases} 2a + 3b + c = 15 \\ a + 2b + c = 10 \\ 7a + 6b + 4c = 21 \end{cases}$$

11. 求解如下符号微分方程的通解和当 $y(0) = 2$ 时的特解。

$$\frac{\mathrm{d}}{\mathrm{d}t}y(t) + y(t)\tan t = \cos t$$

12. 求解如下二阶常微分方程的通解，以及满足 $y(0) = 0.4, y'(0) = 0.7$ 的特解。

$$\frac{\mathrm{d}^2}{\mathrm{d}t^2}y(t) - y(t) = 1 - t^2$$

MATLAB 提供了强大的计算能力,同时也提供了丰富的图形表现能力,方便数据的可视化展示。具体来说,MATLAB 不仅可以实现二维图形和三维图形的绘制,而且可以实现对图形的线型、颜色、光线、视角等参数的设置和处理,满足不同层次的用户需求。

本章首先介绍二维图形绘制,然后介绍三维图形绘制,最后简单介绍使用绘图工具绘制图形和图形用户界面的设计。

4.1　二维图形

二维图形是将平面坐标上的数据点连接起来的平面图形,可以采用直角坐标系、对数坐标系或极坐标系,数据点可以用向量或矩阵形式给出,类型可以是实型或复型。

4.1.1　基本二维图形

在 MATLAB 中,最基本且应用最广泛的绘图函数是绘制曲线函数 plot,利用它可以在二维平面上绘制不同的曲线。plot 函数有下列几种用法。

1. plot(y)

功能:绘制以 y 为纵坐标的二维曲线。

说明:

1)当 y 为向量时

当 y 为长度为 n 的向量时,纵坐标为 y,横坐标由 MATLAB 根据 y 向量的元素序号自动生成,为 1∶n 的向量。

【例 4-1】 绘制幅值为 2 的锯齿波。

程序代码如下,结果如图 4-1 所示。

```
>> y = [ 0 2 0 2 0 2 0 2 0 2 0 ] ;
>> plot(y)
```

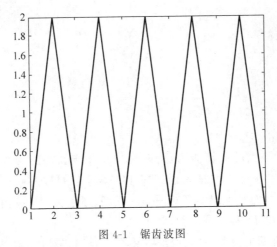

图 4-1　锯齿波图

由上述程序可知,横坐标是 y 向量的序号,自动为 1~11。plot(y)适合绘制横坐标从 1 开始,间隔为 1,长度和纵坐标的长度一样的曲线。

2)当 y 为矩阵时

当 y 为 m×n 矩阵时,plot(y)的功能是将矩阵的每一列画一条曲线,共 n 条曲线,每条曲线自动用不同颜色表示,每条曲线横坐标为向量 1:m,其中 m 为矩阵的行数。

【例 4-2】　绘制 3×3 矩阵的曲线图,已知矩阵 $y = \begin{bmatrix} 1 & 2 & 3 \\ 4 & 5 & 6 \\ 1 & 2 & 3 \end{bmatrix}$。

程序代码如下,结果如图 4-2 所示。

```
>> y = [1 2 3;4 5 6;1 2 3];
>> plot(y)
```

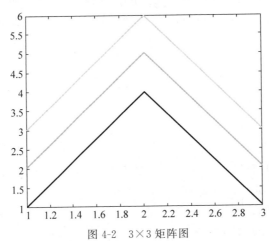

图 4-2　3×3 矩阵图

由上述程序可知,**y** 矩阵有 3 列,故绘制 3 条曲线,纵坐标是矩阵每列的元素,横坐标为 1 至矩阵的行数的向量。

3）当 y 为复数时

当 y 为复数数组时,绘制以实部为横坐标,虚部为纵坐标的曲线,y 可以是向量也可以是矩阵。

2. plot(x,y)

功能:绘制以 x 为横坐标,以 y 为纵坐标的二维曲线。

说明:

1）当 x 和 y 为向量时

x 和 y 的长度必须相等。

【例 4-3】 用 plot(x,y)绘制幅值为 2、周期为 2s 的三角波。

程序代码如下,结果如图 4-3 所示。

```
x = [0 0.5 1 1.5 2 2.5 3 3.5 4];
y = [0 1 0 -1 0 1 0 -1 0];
plot(x,y)
```

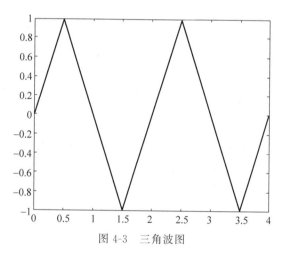

图 4-3　三角波图

【例 4-4】 用 plot(x,y)绘制幅值为 2、周期为 2s 的正弦波。

程序代码如下,结果如图 4-4 所示。

```
x = 0:pi/10:4 * pi;
y = 2 * sin(x);
plot(x,y)
```

2）当 x 为向量、y 为矩阵时

要求 x 的长度必须和 y 的行数或者列数相等。当 x 的长度和 y 的行数相等时,对 x 和 y 的每一列向量画一条曲线;当 x 的长度与 y 的列数相等时,对 x 和 y 的每一行向量画一条曲线;如果 y 是方阵,x 和 y 的行数和列数都是相等,则对 x 与 y 的每一列向量画一条曲线。

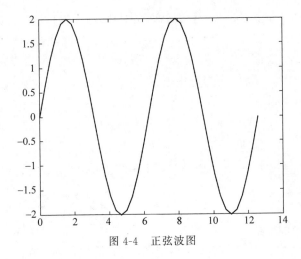

图 4-4　正弦波图

3）当 x 是矩阵、y 是向量时

要求 x 的行数或者列数必须和 y 的长度相等。绘制方法与第二种情况相似。

4）当 x 和 y 都是矩阵时

要求 x 和 y 大小必须相等，对 x 的每一列与 y 对应的每一列画一条曲线。

【例 4-5】　已知 $\boldsymbol{x}_1 = \begin{bmatrix} 1 & 2 & 3 \end{bmatrix}$，$\boldsymbol{x}_2 = \begin{bmatrix} 1 & 2 & 3 \\ 4 & 5 & 6 \\ 7 & 8 & 9 \end{bmatrix}$，$\boldsymbol{y}_1 = \begin{bmatrix} 1 & 2 & 3 \\ 2 & 4 & 6 \end{bmatrix}$，$\boldsymbol{y}_2 = \begin{bmatrix} 1 & 1 \\ 3 & 4 \\ 5 & 6 \end{bmatrix}$，$\boldsymbol{y}_3 = \begin{bmatrix} 1 & 2 & 3 \\ 2 & 4 & 6 \\ 3 & 6 & 9 \end{bmatrix}$，分别绘制 $\boldsymbol{x}_1$ 和 $\boldsymbol{y}_1$，$\boldsymbol{x}_1$ 和 $\boldsymbol{y}_2$，$\boldsymbol{x}_1$ 和 $\boldsymbol{y}_3$，$\boldsymbol{x}_2$ 和 $\boldsymbol{y}_3$ 的曲线。

程序代码如下，结果如图 4-5 所示。

```
x1 = 1:3;
x2 = [1 2 3;4 5 6;7 8 9];
y1 = [x1;2 * x1];
y2 = [1 1;3 4;5 6];
y3 = [x1;2 * x1;3 * x1];
plot(x1,y1)
figure;
plot(x1,y2)
figure;
plot(x1,y3)
figure;
plot(x2,y3)
```

【例 4-6】　在一个图形窗口的同一坐标轴上，绘制 $\sin(a)$、$\cos(a)$、$\sin^2(a)$ 和 $\cos^2(a)$ 等 4 种不同的曲线。

程序代码如下，结果如图 4-6 所示。

```
a = 0:0.1:2 * pi;
```

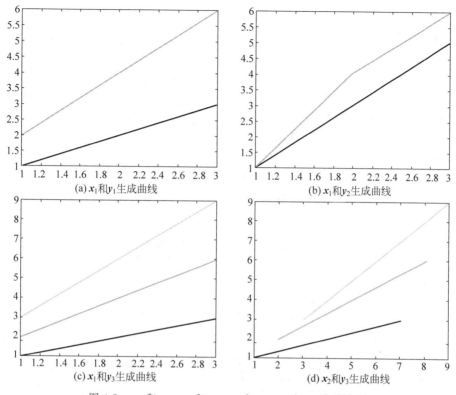

图 4-5　x_1 和 y_1，x_1 和 y_2，x_1 和 y_3，x_2 和 y_3 曲线绘制

```
y1 = sin(a);
y2 = cos(a);
y3 = sin(a).^2;
y4 = cos(a).^2;
plot(a,y1,a,y2,a,y3,a,y4)
```

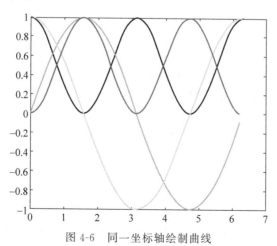

图 4-6　同一坐标轴绘制曲线

4.1.2 图形格式与标注

1. 设置曲线的线型颜色和数据点标记

为了便于曲线比较,MATLAB 提供了一些绘图选项,可以控制所绘的曲线的线型颜色和数据点的标识符号。命令格式如下:

```
plot(x,y,'选项')
```

其中,选项一般由线型、颜色和数据点标识组合一起。选项的具体定义如表 4-1 所示。当省略选项时,MATLAB 默认线型一律使用实线,颜色将根据曲线的先后顺序依次采用表 4-1 给出的颜色。

表 4-1　MATLAB 绘图命令的选项

曲线线型		曲线 颜 色				标 记 符 号			
选项	意义	选项	意义	选项	意义	选项	意义	选项	意义
-	实线	b	蓝色	c	蓝绿色	*	星号	pentagram	五角星
--	虚线	g	绿色	k	黑色	.	点号	o	圆圈
:	点线	m	红紫色	r	红色	<	左三角形	square	正方形
-.	点画线	w	白色	y	黄色	v	下三角形	diamond	菱形
none	无线					^	上三角形	hexagram	六角星
						>	右三角	x	叉号

【例 4-7】 在一个图形窗口的同一坐标轴上,绘制绿色、实线和数据点为五角星标记的正弦曲线,同时绘制蓝色、点画线和数据点为叉号标记的余弦曲线。

程序代码如下,结果如图 4-7 所示。

```
z = 0:0.1:2 * pi;
y1 = sin(z);
y2 = cos(z);
plot(z,y1,'g - p',z,y2,'b - .x')
```

【例 4-8】 绘制函数 $y = 3e^{-0.5t}\sin(2\pi t)$ 的曲线。

程序代码如下,结果如图 4-8 所示。

```
t = 0:pi/100:2 * pi;
y1 = 3 * exp( - 0.5 * t). * sin(2 * pi * t);
y2 = sin(t);
plot(t,y1,'k -- ',t,y2,'b - * ')
```

2. 轴的形式与刻度设置

在绘制图形时,用户可以使用 axis 函数和 set 函数对坐标轴的刻度范围进行重新设置,其调用格式如下。

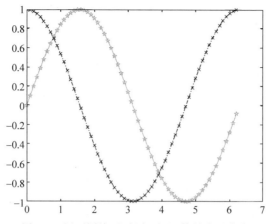

图 4-7　用不同线型、颜色、标记符号表示曲线

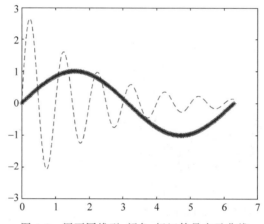

图 4-8　用不同线型、颜色、标记符号表示曲线

1) axis 函数

```
axis([xmin xmax ymin ymax])      % 对当前二维图形对象的 x 轴和 y 轴进行设置,x 轴的刻度范围为
                                 % [xmin xmax],y 轴的刻度范围为[ymin ymax]
axis([xmin xmax ymin ymax zmin zmax]) % 对当前三维图形对象的 x 轴、y 轴和 z 轴进行设置
axis off(on)                     % 使坐标轴、刻度、标注和说明变为不显示(显示)状态
axis('manual') % 冻结当前的坐标比例,在其后的绘图中保持坐标范围不变。若输入 axis auto 命令,
               % 则恢复系统的自动定比例功能
v = axis % 返回当前图形边界的四元行向量,即 v = [xmin xmax ymin ymax]。如果当前图形是三维
         % 的,则返回值为三维坐标边界的六元行向量
命令 axis('square')或 axis('equal')    % 使屏幕上 x 轴与 y 轴的比例尺相同(控制图形的纵横比)
```

【例 4-9】　绘制单位圆。

程序代码如下,结果如图 4-9 所示。

```
t = [0:0.01:2 * pi];
x = sin(t);
y = cos(t);
```

```
plot(x,y)
axis([ - 1.5 1.5 - 1.5 1.5])
pause
grid on
axis('equal')
```

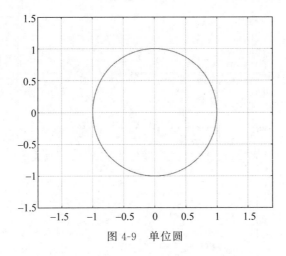

图 4-9 单位圆

2）set 函数

```
set(gca,'xtick',标示向量)          % 按照标示向量设置 x 轴的刻度标示
set (gca,'ytick',标示向量)         % 按照标示向量设置 y 轴的刻度标示
set(gca,'xticklabel',自定义坐标刻度)% 按照字符串设置 x 轴的刻度标签
set(gca,'yticklabel',自定义坐标刻度)% 按照字符串设置 Y 轴的刻度标签
```

【例 4-10】 给余弦曲线设置刻度标示。

程序代码如下,结果如图 4-10 所示。

```
t = 0:0.05:7;
plot(t,cos(t))
set(gca,'xtick',[0 1.4 3.14 5 6.28])
set(gca,'xticklabel',{'one','two','three','four','five'})
```

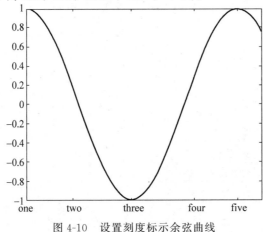

图 4-10 设置刻度标示余弦曲线

3. 坐标轴标注和图形标题

- title：图题标注。
- xlabel：x 轴说明。
- ylabel：y 轴说明。
- zlabel：z 轴说明。
- text：在图形中指定的位置(x,y)上显示字符串。
- legend：图例标注。

legend 函数用于绘制曲线所用线型、颜色或数据点标记图例,用法如下：

```
legend('字符串 1','字符串 2',…)        % 指定字符串顺序标记当前轴的图例
legend(句柄,'字符串 1','字符串 2',…)   % 指定字符串标记句柄图形对象图例
legend(M)                           % 用字符 M 矩阵的每行字符串作为图形对象标记图例
legend(句柄,M)     % 用字符 M 矩阵的每行字符串作为指定句柄的图形对象标签标记图例
```

【例 4-11】 设计一段程序,在同一坐标下绘制 $y = 2\sin x$ 和 $y = 4\cos x$ 两条函数曲线,并给出坐标轴标注和图形标题。

程序代码如下,结果如图 4-11 所示。

```
x = 0:0.01:2 * pi;
y1 = 2 * sin(x);
y2 = 4 * cos(x);
plot(x,y1,'r--',x,y2,'b-')
title('曲线 y1 = 2 * sin(x)和 y2 = 4 * cos(x)')
xlabel('x 轴')
ylabel('y 轴')
```

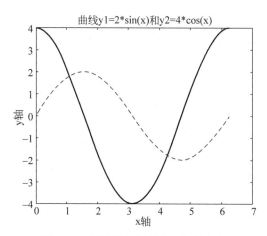

图 4-11　给图形加标题和坐标轴标注

【例 4-12】 设计一段程序,在同一坐标下绘制以下 3 条函数曲线,各曲线以文本标注结合线型作进一步提示,并加上图例。

$$y_1 = 2\sin x, \quad y_2 = 4\cos x, \quad y_3 = 2\sin x\cos x$$

程序代码如下,结果如图 4-12 所示。

```
x = 0:0.01:2 * pi;
y1 = 2 * sin(x);
y2 = 4 * cos(x);
y3 = 2 * sin(x). * cos(x);
plot(x,y1,'r -- ',x,y2,'b - ',x,y3,'k * ')
gtext('y1 = 2 * sin(x)')
gtext('y2 = 4 * cos(x)')
gtext('y3 = 2 * sin(x). * cos(x)')
legend('y1','y2','y3')
```

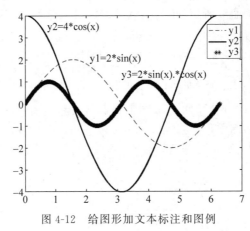

图 4-12　给图形加文本标注和图例

4. 网格线和坐标边框

1) 网格线

为了便于读数,MATLAB 可以在坐标系中添加网格线,网格线根据标轴的刻度使用虚线分隔。

在 MATLAB 中,默认设置不显示网格线,grid on 函数用于显示网格线;grid off 函数用于不显示网格线;反复使用 grid 函数可以在 grid on 和 grid off 之间切换。

2) 坐标边框

坐标边框是指坐标系的刻度框。在 MATLAB 中,默认设置是添加坐标边框;box on 函数用于实现添加坐标边框;box off 函数用于去掉当前坐标边框;反复使用 box 函数则在 box on 和 box off 之间切换。

5. 子图分割

```
subplot(n,m,p)
```

其中,n 表示行数,m 表示列数,p 表示绘图序号。按从左至右、从上至下排列,把图形窗口分为 n×m 个子图,在第 p 个子图处绘制图形。

【例 4-13】 绘制 $\sin x$、$\cos x$、$\sin^2 x$、$\sin x \cos x$ 曲线,并将图形窗口分为 2×2 个子图。程序代码如下,结果如图 4-13 所示。

```
x = 0:pi/100:2 * pi;
y1 = sin(x);
y2 = cos(x);
y3 = sin(x).^2;
y4 = sin(x). * cos(x);
subplot(2,2,1),plot(x,y1);title('sin(x)')
subplot(2,2,2),plot(t,y2,'g - p');title('cos(x)')
subplot(2,2,3),plot(t,y3,'r - o');title('sin^2(x)')
subplot(2,2,4),plot(t,y4,'k - h');title('sin(x)cos(x)')
```

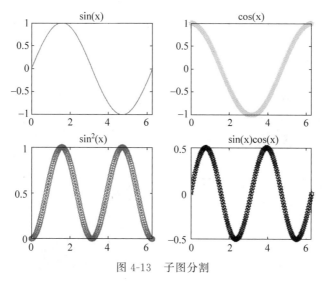

图 4-13　子图分割

4.1.3　二维专用图形

1. 线性直角坐标图

在线性直角坐标系中,有条形图、阶梯图、杆图和填充图等,所采用的函数分别是

```
bar(x,y,选项)
stairs(x,y,选项)
stem(x,y,选项)
fill(x1,y1,选项 1,x2,y2,选项 2,...)
```

前 3 个函数的用法与 plot 函数相似,只是没有多输入变量形式。fill 函数按向量元素下标渐增次序依次用直线段连接 x 和 y 对应元素定义的数据点。假如这样连接所得折线不封闭,那么 MATLAB 将自动把该折线的首尾连接起来,构成封闭多边形,然后将多边形内部填充指定的颜色。

【例 4-14】 在线性直角坐标系中,分别以条形图、阶梯图、杆图和填充图形式绘制曲线 $y=2\mathrm{e}^{-x}$。

程序代码如下,结果如图 4-14 所示。

```
x = 0:0.35:7;
y = 2 * exp( - x);
subplot(2,2,1);bar(x,y,'b');
title('bar(x,y,''g'')');axis([0,7,0,2]);
subplot(2,2,2);stairs(x,y,'k');
title('stairs(x,y,''b'')');axis([0,7,0,2]);
subplot(2,2,3);stem(x,y,'g');
title('stem(x,y,''k'')');axis([0,7,0,2]);
subplot(2,2,4);fill(x,y,'r');
title('fill(x,y,''r'')');axis([0,7,0,2]);
```

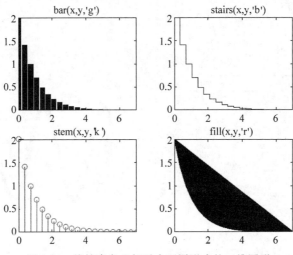

图 4-14   线性直角坐标系中不同形式的二维图形

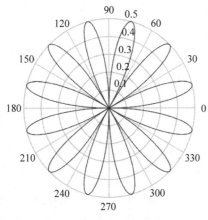

图 4-15   极坐标图

2. 极坐标图

polar 函数用来绘制极坐标图,其调用格式为

polar(theta,rho,选项)

其中,theta 为极坐标极角;rho 为极坐标矢径;选项的内容与 plot 函数相似。

【例 4-15】 绘制 $\rho=\sin3\alpha\cos3\alpha$ 的极坐标图。

程序代码如下,结果如图 4-15 所示。

```
clear
theta = 0:0.01:2 * pi;
rho = sin(3 * theta). * cos(3 * theta);
polar(theta,rho,'b')
```

3. 对数坐标图

在实际应用中,常用到对数坐标。对数坐标图是指坐标轴的刻度不是用线性刻度而是使用对数刻度。MATLAB 提供 semilogx 和 semilogy 函数分别实现对 x 轴和 y 轴的半对数坐标图;提供 loglog 函数实现双对数坐标图。它们的调用格式如下:

```
semilogx(x1,y1, '参数 1',x2,y2,'参数 2 ',…)
semilogy(x1,y1, '参数 1,x2,y2,'参数 2',…)
loglog(x1,y1, '参数 1',x2,y2,'参数 2',…)
```

其中,参数的定义和 plot 函数参数定义相同,所不同的是标轴的选取;semilogx 函数使用半对数坐标,x 轴为常用对数刻度,y 轴为线性标度;semilogy 函数也使用半对数坐标,x 轴为线性坐标刻度,y 轴为常用对数刻度;loglog 函数使用全对数坐标,x 轴和 y 轴均用常用对数刻度。

【**例 4-16**】 在同一图形窗口 4 个不同子图中,分别绘制 $y = 4x^4, 0 \leqslant x \leqslant 8$ 函数的线性坐标、半对数坐标和双对数坐标图。

程序代码如下,结果如图 4-16 所示。

```
clear;
x = 0:0.1:10;y = 4 * x.^4;
subplot(2,2,1);
plot(x,y,'k * ')
title("线性坐标图")
subplot(2,2,2);
semilogx(x,y,'b.')
title("半对数坐标图 x")
subplot(2,2,3);
semilogy(x,y,'g - ')
title("半对数坐标图 y")
subplot(2,2,4);
loglog(x,y,'r -- ')
title("双对数坐标图")
```

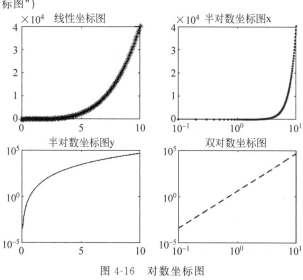

图 4-16　对数坐标图

4.2　三维图形

MATLAB能绘制多种三维图形,包括三维曲线图形、三维曲面图形和三维专用图形。

4.2.1　基本三维曲线图形

MATLAB 提供了函数 plot3,用于实现三维曲线绘制。与二维曲线绘制函数 plot 相比,函数名增加了字符"3",明确表示用于三维曲线绘制,以示区分。

具体使用形式如下:

```
plot3(x1,y1,z1,'参数 1',x2,y2,z2, '参数 2', …)
```

plot3 与 plot 参数含义基本相同,只是增加了 z 轴的坐标参数。

【例 4-17】　绘制如下函数的三维曲线图:

$$\begin{cases} x(t)=t \\ y(t)=\sin t \\ z(t)=\cos t \end{cases}$$

程序代码如下,结果如图 4-17 所示。

```
t = 0:pi/50:10 * pi;
plot3(t,sin(t),cos(t),'g - ')
grid on
```

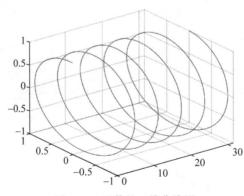

图 4-17　函数的三维曲线图

4.2.2　基本三维曲面图形

MATLAB 提供了函数 surf,用于实现数据点的三维曲面绘制。函数 surf 的用法与函数 mesh 相类似。

注意：三维曲面绘制与三维曲线绘制、三维网格绘制的区别在于其存在颜色填充形成封闭空间。

【**例 4-18**】 分别使用函数 mesh 和函数 surf 绘制峰函数。

程序代码如下，结果如图 4-18 所示。

```
x = peaks(30);    % peaks 函数为峰函数
mesh(x);
figure
surf(x);
```

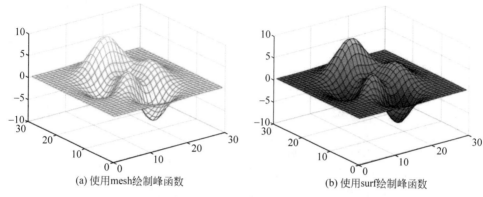

(a) 使用mesh绘制峰函数   (b) 使用surf绘制峰函数

图 4-18　函数的三维曲面图

4.2.3　三维专用图形

MATLAB 提供很多函数绘制特殊的三维图形，下面主要介绍等高线图和瀑布图。

1. 等高线图

等高线图常用于地形绘制中，MATLAB 提供 contour3 函数用于绘制等高线图，它能自动根据 Z 值的最大值和最小值来确定等高线的条数，也可以根据给定参数来取值。函数调用格式为

```
contour3(X,Y,Z,n)
```

其中，X、Y、Z 定义与 mesh 的 X、Y、Z 定义一样；n 为给定等高线的条数，若 n 省略则自动根据 Z 值确定等高线的条数。

2. 瀑布图

瀑布图把每条曲线都垂下来，形成瀑布状，MATLAB 提供 waterfall 函数绘制瀑布图。函数调用格式为

```
waterfall(X,Y,Z)
```

其中,X、Y、Z 定义与 mesh 的 X、Y、Z 定义一样,X 和 Y 还可以省略。

【例 4-19】 在 $x \in [-5,5]$,$y \in [-3,3]$ 上,作出 $z = \sqrt{(\sin x^2 + y^2)}$ 所对应的等高线图、瀑布图和三维网格图。

程序代码如下,结果如图 4-19 所示。

```
clear;
x = -5:0.3:5;
y = -3:0.2:3;
[X,Y] = meshgrid(x,y);
Z = sin(sqrt(X.^2 + Y.^2));
subplot(2,2,1);contour3(X,Y,Z)
title('默认值的等高线图')
subplot(2,2,2);contour3(X,Y,Z,30);  % 绘制给定值的等高线图
title('给定值的等高线图');
subplot(2,2,3);waterfall(X,Y,Z);
title('瀑布图')
subplot(2,2,4);mesh(X,Y,Z);
title('三维网格图')
```

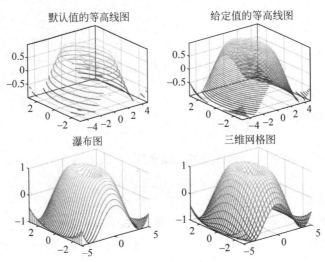

图 4-19 等高线图、瀑布图和三维网格图

3. 球面图

MATLAB 提供 sphere 函数绘制球面图,其语法格式为

```
sphere(n)              % 画 n 等分球面,n 表示球面绘制的精度,默认半径为 1,n = 20
[x,y,z] = sphere(n)    % 获取球面 x、y、z 空间坐标位置
```

【例 4-20】 绘制当 $n = 6,10,20,30$ 时的不同球面图。

程序代码如下,结果如图 4-20 所示。

```
subplot(2,2,1);sphere(6);title('n = 6');
```

```
subplot(2,2,2);sphere(10);title('n = 10');
subplot(2,2,3);sphere(20);title('n = 20');
subplot(2,2,4);sphere(30);title('n = 30');
```

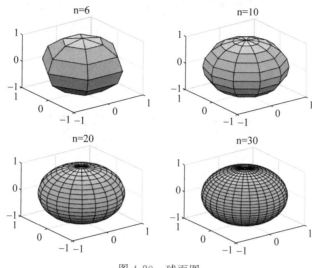

图 4-20　球面图

4. 柱面图

MATLAB 提供 cylinder(函数绘制)柱面图,其语法格式为

```
cylinder(R,n)              % R 为半径,n 为柱面圆周等分数
[x,y,z] = cylinder(R,n)    % x、y、z 代表空间坐标位置
```

说明:若在调用该函数时不带输出参数,则直接绘制所需柱面。n 决定了柱面的圆滑程度,其默认值为 20。若 n 值取得比较小,则绘制出多面体的表面图。

【例 4-21】 绘制当 $n=4,10,30,50$ 时的不同柱面图。

程序代码如下,结果如图 4-21 所示。

```
t = linspace(pi/2,3.5 * pi,50)
R = 0.5 * cos(t) + 2;
subplot(2,2,1);cylinder(R,4);title('n = 4');
subplot(2,2,2);cylinder(R,10);title('n = 10');
subplot(2,2,3);cylinder(R,30);title('n = 30');
subplot(2,2,4);cylinder(R,50);title('n = 50');
```

【例 4-22】 绘制函数 $3+\sin^2 t$ 的柱面图。

程序代码如下,结果如图 4-22 所示。

```
t = 0:pi/10:2 * pi;
[X,Y,Z] = cylinder(3 + (sin(t)).^2);
surf(X,Y,Z)
axis square
```

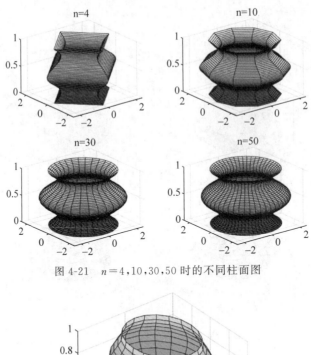

图 4-21　$n=4,10,30,50$ 时的不同柱面图

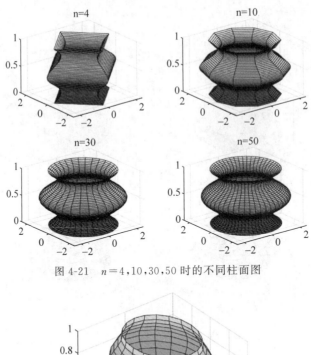

图 4-22　$3+\sin^2 t$ 的柱面图

4.3　图形界面

MATLAB 图形窗口不仅仅是绘图函数和工具形成的显示窗口,而且还可利用图形窗口编辑图形。4.1～4.2 节介绍的很多图形制作和图形修饰命令,都可以利用 MATLAB 图形窗口操作实现。

MATLAB 的图形窗口界面分为 5 部分:图形窗口、标题栏、菜单栏、快捷工具栏和图形显示窗口。图形窗口的菜单栏是编辑图形的主要部分,很多菜单按键和 Windows 标准按键相同,不再赘述。

4.3.1　图形窗口编辑

可利用图形窗口对曲线和图形进行编辑和修饰,用得比较多的是"插入"菜单。插入菜单主要用于向当前图形窗口中插入各种标注图形,包括 x 轴标签、y 轴标签、z 轴标签、图形标题、图例、颜色栏、直线、箭头、文本箭头、双向箭头、文本、矩形、椭圆、坐标轴和灯光。几乎所有标注都可以通过插入菜单来添加。

下面通过一个例题,介绍利用 MATLAB 图形窗口编辑功能。

【**例 4-23**】　利用图形窗口编辑所绘制的曲线 $y=3\mathrm{e}^{-0.5x}\cos5x$ 及其包络线,$x\in[0,2\pi]$。

1. 绘出简单的曲线及其包络线

程序代码如下,结果如图 4-23 所示。

```
clear
t = (0:0.1:2 * pi)';
y1 = 3 * exp( - 0.5 * t) * [1, - 1];
y2 = 3 * exp( - 0.5 * t) . * cos(5 * t);
plot(t,y1,t,y2)
```

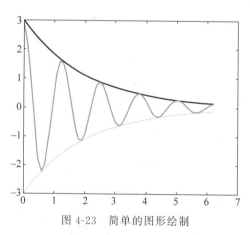

图 4-23　简单的图形绘制

2. 利用插入菜单完成标注功能

1)添加 x 和 y 轴标签和标题

选择菜单栏,单击"插入"按钮,分别选择 x 标签菜单和 y 标签菜单输入"t"和"y",选择标题按键输入"y～x 曲线及其包络线"。

2)添加图例

单击图例按钮,把鼠标移到图例的 data1 注释处,双击,修改为"包络线 1"。用同样的方法,将 data2 和 data3 注释分别修改为"包络线 2"和"曲线 y"。鼠标光标移动到图例处长按左键可以移动图。

3）在图形中插入文本注释

单击文本框，移动鼠标到合适位置，单击，放置文本框，双击文本框，添加文本注释信息，插入文本箭头。

编辑后，效果如图 4-24 所示。

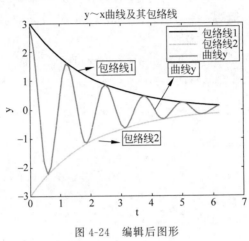

图 4-24　编辑后图形

4.3.2　图形窗口设计

例 4-23 运行结果中，利用图形窗口的快捷工具栏的编辑绘图键、放大键、缩小键、平移键、三维旋转、数据游标、刷亮/选择数据、链接绘图、插入颜色栏、插入图例、隐藏绘图工具键以及显示绘图工具键修改图形，设计后的图形如图 4-25 所示。

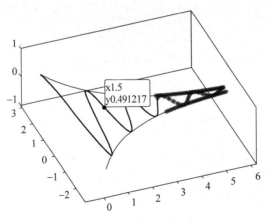

图 4-25　设计后的图形

4.3.3　图形修饰

　　例4-23运行结果中,单击快捷工具栏的编辑绘图 ⬚ 按钮,移到图形区,双击,图形窗口从默认的显示模式转变为编辑模式。选择图形对象元素进行相应的编辑。可以添加 x 轴和 y 轴的网格线,选择曲线,修改线型、线的颜色和线的粗细,数据点标记图案选择、大小及颜色,还可以修改 x 轴和 y 轴刻度、字体及大小。修饰后的图形如图4-26所示。

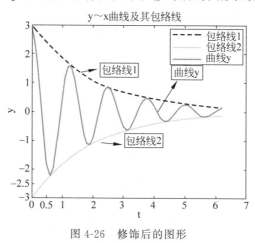

图4-26　修饰后的图形

本章习题

　　1. 利用plot函数绘制函数曲线 $y = 5\cos x$, $x \in [0, 2\pi]$。

　　2. 利用plot函数绘制函数曲线 $y = 2\sin x + 3\cos x$, $x \in [0, 2\pi]$。其中,y 线型选为虚线,颜色为蓝色,数据点设置为星形,x 轴和 y 轴标签分别设置为 x 和 y,标题设置为 $2\sin x 3\cos x$。

　　3. 在同一图形窗口中利用plot函数绘制函数曲线:
$$y_1 = x\sin 2x, \quad x \in [0, 2\pi]$$
$$y_2 = 5e^{-0.5x}\cos 2x, \quad x \in [0, 2\pi]$$
其中,y_1 线型选为虚线,颜色为蓝色,数据点设置为星形;y_2 线型选为点画线,颜色为绿色,数据点设置为圆圈。x 轴标签设置为t,y 轴标签设置为y1ANDy2,添加图例和网格。

　　4. 在同一图形窗口,分割4个子图,分别绘制4条曲线,即 $y_1 = \sin x$, $y_2 = \sin 2x$, $y_3 = \cos x$, $y_4 = \cos 2x$, $x \in [0, 5]$,要求为每个子图添加标题和网格。

　　5. 已知一个班有5个学生,三次考试成绩为

$$y = \begin{bmatrix} 89 & 90 & 78 & 84 & 92 \\ 78 & 72 & 80 & 83 & 87 \\ 91 & 95 & 89 & 93 & 88 \end{bmatrix}$$

分别用条形图、阶梯图、杆图和填充图显示成绩。

6. 利用函数 plot3 绘制当 $x \in [0, 2\pi]$ 时, $y = \sin x$ 和 $z = 5\cos x$ 的曲线。

第5章 Simulink仿真

MathWorks公司1990年为MATLAB增加了用于建立系统框图和仿真的环境,并于1992年将该软件更名为Simulink。它可以搭建通信系统物理层和数据链路层、动力学系统、控制系统、数字信号处理系统、电力系统、生物系统和金融系统等。

Simulink是MATLAB中的一种可视化仿真工具,是一种基于MATLAB的框图设计环境,实现动态系统建模、仿真和分析的一个软件包,被广泛应用于线性系统、非线性系统、数字控制及数字信号处理的建模和仿真中。Simulink是MATLAB最重要的组件之一,它提供了一个动态系统建模、仿真和综合分析的集成环境。在该环境中,无须大量书写程序,通过简单直观的鼠标操作,就可构造出复杂的系统。Simulink具有适用面广、结构和流程清晰、仿真精细、贴近实际、效率高、灵活等优点,已被广泛应用于控制理论和数字信号处理的复杂仿真和设计中。同时,有大量的第三方软件和硬件可以应用于Simulink。

Simulink可以用连续采样时间、离散采样时间或两种混合的采样时间进行建模,它也支持多速率系统,也就是系统中的不同部分具有不同的采样速率。为了创建动态系统模型,Simulink提供了一个建立模型框图的图形用户界面(Graphical User Interface,GUI),这个创建过程只需单击和拖动鼠标就能完成,它提供了一种更快捷、更直接明了的方式,而且用户可以即时看到系统的仿真结果。

5.1 Simulink 操作基础

5.1.1 Simulink 的启动与退出

1. 启动 Simulink 的方法

启动 Simulink 的方法有如下3种:
(1) 在 MATLAB 的命令行窗口直接输入 Simulink。

（2）单击工具栏上的 Simulink 模块库浏览器命令按钮，如图 5-1 所示。

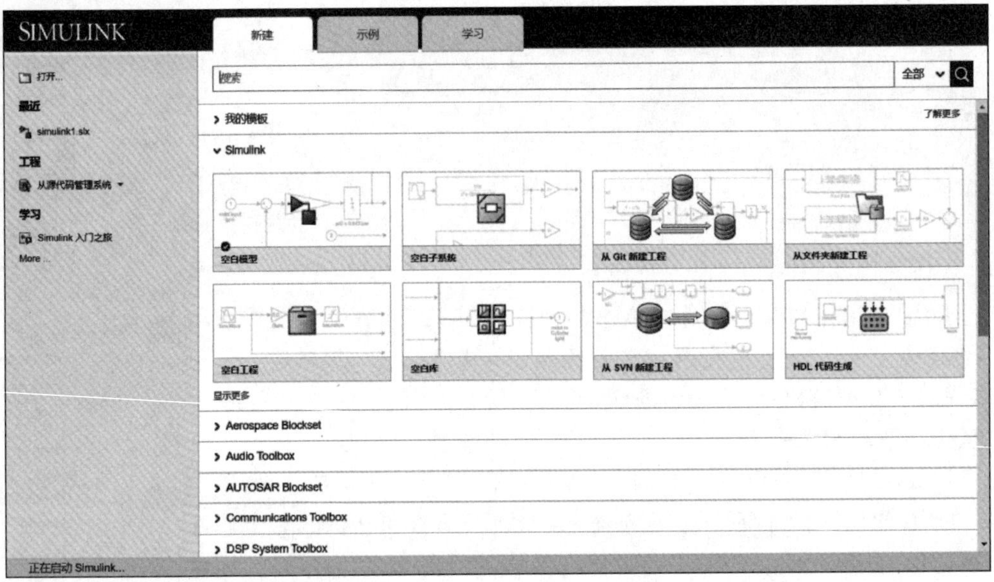

图 5-1　Simulink 启动窗口

（3）在工具栏 File 菜单中选择 New 菜单工具栏下的 Model 命令，弹出一个名为 Untitled 的空白窗口，所有控制模块都创建在这个窗口中。若需要退出 Simulink 窗口，只要关闭所有模块窗口和 Simulink 模块库窗口即可。

2. 打开已经存在的 Simulink 模型文件

打开已经存在的 Simulink 模型文件也有如下 3 种方式：

（1）在 MATLAB 命令行窗口直接输入模型文件名（不要加扩展名".mdl"），这要求该文件在当前的路径范围内。

（2）在 MATLAB 菜单上选择 FileOpen 选项。

（3）单击工具栏上的打开图标。

若要退出 Simulink 窗口，只要关闭该窗口即可。

5.1.2　Simulink 常用模块库

Simulink 的模块库由两部分组成：基本模块和各种应用工具箱。例如，对于通信系统仿真而言，主要用到 Simulink 基本库、通信系统工具箱和数字信号处理工具箱。

运行 Simulink 后，单击库浏览器 ，可以看到如图 5-2 所示的 Simulink 界面图，它显示了 Simulink 模块库（包括模块组）和所有已经安装了的 MATLAB 工具箱对应的模块库。可以看到，Simulink 模块库中包含了如下子模块库：

（1）Commonly Used Blocks 子模块库，为仿真提供常用模块元件。

（2）Continuous 子模块库，为仿真提供连续系统模块元件。

（3）Dashboard 子模块库，为仿真提供一些类似仪表显示的模块元件。

（4）Discontinuities 子模块库，为仿真提供非连续系统模块元件。

（5）Discrete 子模块库，为仿真提供离散系统模块元件。

（6）Logic and Bit Operations 子模块库，为仿真提供逻辑运算和位运算模块元件。

（7）Lookup Tables 子模块库，为仿真提供线性插值表模块元件。

（8）Math Operations 子模块库，为仿真提供数学运算功能模块元件。

（9）Matrix Operations 子模块库，为仿真提供矩阵操作模块元件。

（10）Messages & Events 子模块库，为仿真提供创建和管理消息队列模块元件。

（11）Model Verification 子模块库，为仿真提供模型验证模块元件。

（12）Model-Wide Utilities 子模块库，为仿真提供相关分析模块元件。

（13）Ports & Subsystems 子模块库，为仿真提供端口和子系统模块元件。

（14）Signal Attributes 子模块库，为仿真提供信号属性模块元件。

（15）Signal Routing 子模块库，为仿真提供输入/输出及控制的相关信号处理模块元件。

（16）Sinks 子模块库，为仿真提供输出设备模块元件。

（17）Sources 子模块库，为仿真提供信号源模块元件。

（18）String 子模块库，为仿真提供处理字符串模块元件。

（19）User-Defined Functions 子模块库，为仿真提供用户自定义函数模块元件。

按照用途可以将它们分为以下四类。

（1）系统基本构成模块库：常用模块组（Commonly Used Blocks）、连续模块组（Continuous）、非连续模块组（Discontinuities）和离散模块组（Discrete）。

（2）连接运算模块库：逻辑和位运算模块组（Logic and Bit Operations）、查表模块组（Lookup Tables）、数学运算模块组（Math Operations）、矩阵操作模块组（Matrix Operations）、消息队列模块组（Messages & Events）、端口与子系统模块组（Port & Subsystems）、信号属性模块组（Signal Attributes）、信号通路模块组（Signal Routing）、字符串模块组（String）、用户自定义函数模块组（User-Defined Functions）和附加函数与离散模块组（Additional Math & Discrete）。

（3）专业模块库：模型校核模块组（Model Verification）和模型扩充模块组（Model-Wide Utilities）。

（4）输入、输出模块库：信源模块组（Sources）和信宿模块组（Sinks）。

1. 常用模块组

常用模块组包含了 Simulink 建模与仿真所需要的各类最基本和最常用的模块，如图 5-3 所示。

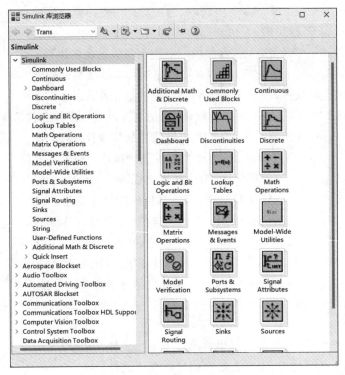

图 5-2　Simulink 库浏览器

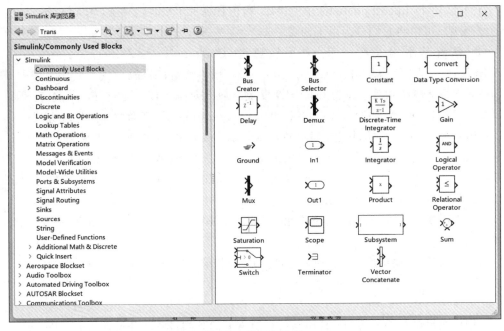

图 5-3　常用模块组

这些模块来自其他模块组,主要是方便用户能够快速找到常用模块。常用模块组及功能介绍见表 5-1。

表 5-1　常用模块组及功能介绍

模 块 名 称	模 块 形 状	功 能 说 明
Bus Creator	Bus Creator	将输入信号合并成向量信号
Bus Selector	Bus Selector	将输入向量分解成多个信号(输入只接受 Mux 和 Bus)
Constant	Constant	输出常量信号
Data Type Conversion	convert Data Type Conversion	数据类型的转换
Demux	Demux	将输入向量转换成标量或更小的标量
Discrete-Time Integrator	Discrete-Time Integrator	离散积分器
Gain	Gain	增益模块
In1	In1	输入模块
Integrator	Integrator	连续积分器
Logical Operator	Logical Operator	逻辑运算模块
Mux	Mux	将输入的向量、标量或矩阵信号合成
Out1	Out1	输出模块
Product	Product	乘法器(执行向量、标量、矩阵的乘法)
Relational Operator	Relational Operator	关系运算(输出布尔类型数据)
Saturation	Saturation	定义输入信号的最大值和最小值
Scope	Scope	输出示波器
Subsystem	Subsystem	创建子系统
Sum	Sum	加法器

续表

模 块 名 称	模 块 形 状	功 能 说 明
Switch	Switch	选择器(根据第二个输入来选择输出第一个或第三个信号)
Terminator	Terminator	终止输出
Vector Concatenate	Vector Concatenate	将向量或多维数据合成统一数据输出

2. 连续模块组

连续模块组包含了进行线性定常连续时间系统建模和仿真的各类模块,如图 5-4 所示。

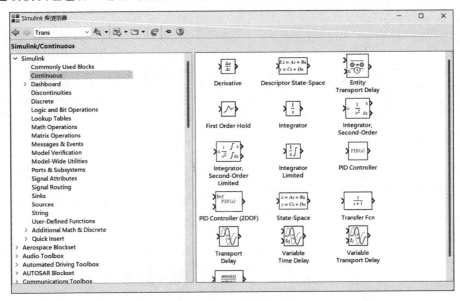

图 5-4　连续模块组

连续模块组及功能介绍见表 5-2。

表 5-2　连续模块组及功能介绍

模 块 名 称	模 块 形 状	功 能 说 明
Derivative	Derivative	微分
Integrator	Integrator	积分器
Integrator Limited	Integrator Limited	定积分
Integrator，Second-Order	Integrator, Second-Order	二阶积分

模 块 名 称	模 块 形 状	功 能 说 明
Integrator，Second-Order Limited	Integrator, Second-Order Limited	二阶定积分
PID Controller	PID Controller	PID 控制器
PID Controller（2DOF）	PID Controller (2DOF)	PID 控制器（2DOF）
State Space	State-Space	状态空间
Transfer Fcn	Transfer Fcn	传递函数
Transport Delay	Transport Delay	传输延时
Variable Transport Delay	Variable Transport Delay	可变传输延时
Zero-Pole	Zero-Pole	零-极点增益模型

3. 非连续模块组

非连续模块组包含了进行非线性时间系统建模和仿真所需的各类非线性环节模型,如图 5-5 所示。

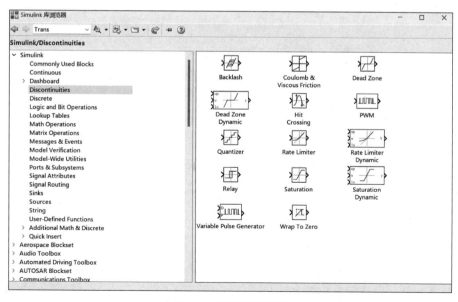

图 5-5　非连续模块组

非连续模块组及功能介绍见表 5-3。

表 5-3　非连续模块组及功能介绍

模 块 名 称	模 块 形 状	功 能 说 明
Backlash	Backlash	间隙非线性
Coulomb & Viscous Friction	Coulomb & Viscous Friction	库仑和黏度摩擦非线性
Dead Zone	Dead Zone	死区非线性
Dead Zone Dynamic	Dead Zone Dynamic	动态死区非线性
Hit Crossing	Hit Crossing	冲击非线性
Quantizer	Quantizer	量化非线性
Rate Limiter	Rate Limiter	静态限制信号的变化速率
Rate Limiter Dynamic	Rate Limiter Dynamic	动态限制信号的变化速率
Relay	Relay	潜环比较器,限制输出值在某一范围内变化
Saturation	Saturation	饱和输出,让输出超过某一值时能够饱和
Saturation Dynamic	Saturation Dynamic	动态饱和输出
Wrap To Zero	Wrap To Zero	还零非线性

4. 离散模块组

离散模块组包含了进行线性定常离散时间系统建模与仿真所需的各类模块,如图 5-6 所示。

非连续模块组及功能介绍见表 5-4。

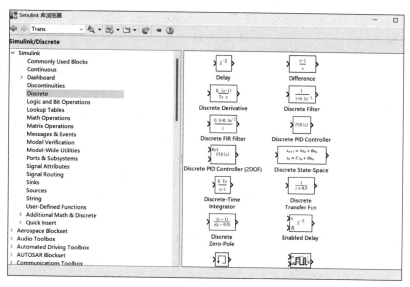

图 5-6　离散模块组

表 5-4　非连续模块组及功能介绍

模 块 名 称	模 块 形 状	功 能 说 明
Delay	z^{-2} Delay	延时器
Difference	$\frac{z-1}{z}$ Difference	差分环节
Discrete Derivative	$\frac{K\ (z-1)}{Ts\ z}$ Discrete Derivative	离散微分环节
Discrete FIR Filter	$\frac{0.5+0.5z^{-1}}{1}$ Discrete FIR Filter	离散 FIR 滤波器
Discrete Filter	$\frac{1}{1+0.5z^{-1}}$ Discrete Filter	离散滤波器
Discrete PID Controller	PID(z) Discrete PID Controller	离散 PID 控制器
Discrete PID Controller(2DOF)	Ref PID(z) Discrete PID Controller (2DOF)	离散 PID 控制器（2DOF）
Discrete State Space	$x_{n+1}=Ax_n+Bu_n$ $y_n=Cx_n+Du_n$ Discrete State-Space	离散状态空间系统模型
Discrete Transfer Fcn	$\frac{1}{z+0.5}$ Discrete Transfer Fcn	离散传递函数模型
Discrete Zero-Pole	$\frac{(z-1)}{z(z-0.5)}$ Discrete Zero-Pole	以零极点表示的离散传递函数模型

续表

模 块 名 称	模 块 形 状	功 能 说 明
Discrete-Time Integrator	Discrete-Time Integrator	离散时间积分器
Memory	Memory	输出本模块上一步的输入值
Tapped Delay	Tapped Delay	延迟
Transfer Fcn First Order	Transfer Fcn First Order	离散一阶传递函数
Transfer Fcn Lead or Lag	Transfer Fcn Lead or Lag	传递函数
Transfer Fcn Real Zero	Transfer Fcn Real Zero	离散零点传递函数
Unit Delay	Unit Delay	一个采样周期的延迟
Zero-Order Hold	Zero-Order Hold	零阶保持器

　　在 Simulink 模块库中,除了离散模块组以外,其他一些模块组(如数学运算模块组、信宿模块组、信源模块组)也能用于离散系统的建模。

　　5. 数学运算模块组

　　数学运算模块组包含了进行控制系统建模和仿真所需的各类数学运算模块,如图 5-7 所示。

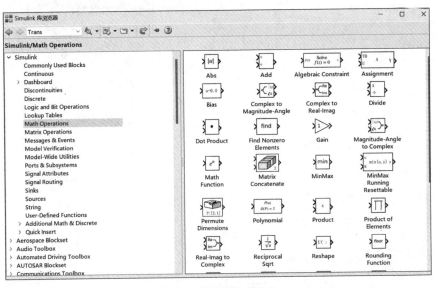

图 5-7　数学运算模块组

数学运算模块组及功能介绍见表 5-5。

表 5-5 数学运算模块组及功能介绍

模 块 名 称	模 块 形 状	功 能 说 明
Abs	Abs	取绝对值
Add	Add	加法
Algebraic Constraint	Algebraic Constraint	代数约束
Assignment	Assignment	赋值
Bias	Bias	偏移
Dot Product	Dot Product	点乘运算
Find Nonzero Elements	Find Nonzero Elements	查找非零元素
Gain	Gain	比例运算
Reciprocal Sqrt	Reciprocal Sqrt	开平方后求倒
Math Function	Math Function	包括指数对数函数、求平方等常用数学函数
Matrix Concatenate	Matrix Concatenate	矩阵级联
MinMax	MinMax	最值运算
Squeeze	Squeeze	删去大小为 1 的孤维
Subtract	Subtract	减法
Sum	Sum	求和运算
MinMax Running Resettable	MinMax Running Resettable	最大最小值运算

6. 信源模块组

信源模块组为系统提供输入信号,其包含多种常用的输入信号和数据发生器,如图 5-8 所示。

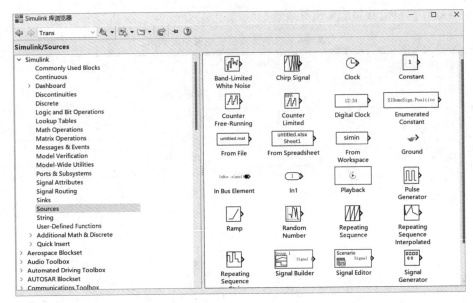

图 5-8 信源模块组

信源模块组及功能介绍见表 5-6。

表 5-6 信源模块组及功能介绍

模 块 名 称	模 块 形 状	功 能 说 明
In1	In1	标准输入端口
Ground	Ground	将未连接的输入端接地,输出为 0
From File	untitled.mat From File	从 MATLAB 文件中获取数据
From Workspace	simin From Workspace	从 MATLAB 工作空间中获取数据
Constant	1 Constant	恒值输出
Signal Generator	Signal Generator	周期信号输出
Pulse Generator	Pulse Generator	脉冲信号输出
Ramp	Ramp	斜坡信号输出

续表

模 块 名 称	模 块 形 状	功 能 说 明
Sine Wave	Sine Wave	正弦波信号输出
Step	Step	阶跃信号输出
Random Number	Random Number	随机数输出
Clock	Clock	连续仿真时钟；在每一仿真步输出当前仿真时间

7. 信宿模块组

信宿模块组为系统提供输出(显示)装置,其包含多种输出观测和显示装置,如图 5-9 所示。

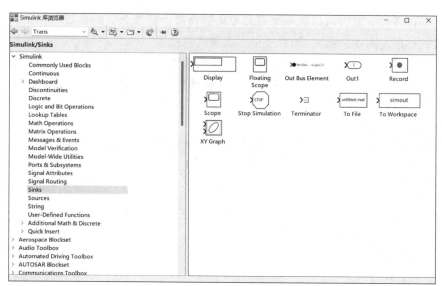

图 5-9　信宿模块组

信宿模块组及功能介绍见表 5-7。

表 5-7　信宿模块组及功能介绍

模 块 名 称	模 块 形 状	功 能 说 明
Display	Display	数字显示器

模 块 名 称	模 块 形 状	功 能 说 明
Floating Scope	Floating Scope	浮动示波器
Out1	Out1	输出端口
Scope	Scope	示波器
Stop Simulation	Stop Simulation	停止仿真

5.2　仿真模型的建立

5.2.1　模块库的选择

Simulink 建模的过程可以简单地理解为从模块库中选择合适的模块,然后将它们按照实际系统的控制逻辑连接起来,最后进行仿真调试的过程。

模块库的作用就是提供各种基本模块,并将它们按应用领域及功能进行分类管理,以便于用户查找和使用。库浏览器将各种模块库按树结构进行罗列,便于用户快速查找所需的模块,同时它还提供了按照名称查找的功能,如图 5-10 所示,输入 step,按 Enter 键,会自动定位到所要查找的模块上。

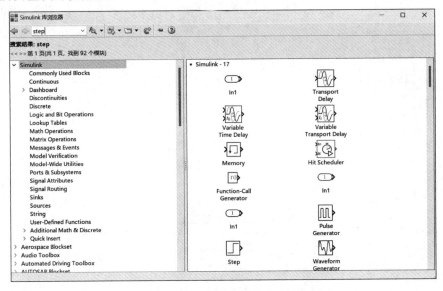

图 5-10　模块库查找功能

5.2.2 模块的操作

模块则是 Simulink 建模的基本元素,了解各个模块的作用是 Simulink 仿真的前提和基础。

1. 添加模块

首先,打开 Simulink 的库浏览器窗口;然后,单击 Simulink 库浏览器窗口工具栏上的 New 按钮,新建模型文件(命名为 untitled.mdl);最后,在 Simulink 库中找到想添加的模块,可以用鼠标直接将该模块拖入文件 untitled.mdl 中,也可以在该模块上右击,在弹出的快捷菜单中,选择 Add to untitled 选项,或选中该模块后按快捷键 Ctrl+I。

2. 选中模块

在模型文件中,用鼠标单击某个模块将其选中,被选中模块的四角处会出现小黑块编辑框。如果想选定多个对象,可以按下 Shift 键,然后再单击所需选定的模块;也可以用鼠标拉出矩形虚线框,将所有待选模块框在其中,此时矩形框中所有的对象均被选中。

3. 复制模块

在同一个模型文件中,可以采用如下的方法进行模块的复制。

方法 1:选中该模块,按住鼠标右键,拖动模块到合适的地方,释放鼠标。

方法 2:选中该模块,按住 Ctrl 键,用鼠标拖动到合适的地方,释放鼠标。

方法 3:选中该模块,然后单击菜单或工具栏中的 Copy 和 Paste 按钮。

4. 移动模块

在同一个模型文件中,选中需要移动的一个或多个模块,然后用鼠标将模块拖到合适的地方。还可以在不同模型文件移动模块。用鼠标选中要移动的模块,然后拖到其他模型文件中。如果在移动的同时按下 Shift 键,则删除原来模型文件中的模块。

5. 改变模块大小

选定需要改变大小的模块,出现小黑块编辑框后,用鼠标拖动编辑框,可以实现模块的放大或缩小。

6. 删除模块

对于不需要的模块,需要进行删除。选中需要删除的模块,然后按键盘上的 Delete 键进行删除;或选中模块后,单击菜单 Edit 下的 Delete 或 Cut 选项;也可以在选中模块后,单击工具栏中的 Cut 按钮进行删除。

7. 翻转模块

选中模块,选择模型文件中的菜单选项 Format→Flip Block,可以将模块旋转 180°;选择 Format→Rotate Block,可以将模块旋转 90°。

此外,利用 Format 菜单下的选项,还可以修改模块名,对模块名的字体进行设置,隐藏模块名,翻转模块名等。

8. 给模块加阴影

选定模块,选择 Format→Show Drop Shadow 使模块生成阴影效果。

9. 模块名的显示、消隐与修改

模块名的显示与消隐:选定模块,选择菜单选项 Format→Hide Name,使模块名隐藏,同时选择 Show Name 选项会使隐藏的模块名显示出来。

模块名的修改:用鼠标单击模块名的区域,使光标处于编辑状态,此时便可对模块名进行任意的修改。同时选定模块,选择菜单选项 Format→Font 可弹出字体对话框,用户可对模块名和模块图标中的字体进行设置。

5.2.3 模块的连接

1. 连接两个模块

将鼠标指针移动到模块输出端,鼠标指针会变成十字形光标,这时按住鼠标左键,移动光标到另一个模块的输入端,当十字形光标出现"重影"时,释放鼠标左键完成连接,如图 5-11 所示。

2. 连线的分支

当需要把一个信号输送给不同的模块时,连线要采用分支结构,其操作步骤是:先连好一条线,把光标移到支线的起点,并按下 Ctrl 键,再将光标拖至目标模块的输入端即可,如图 5-12 所示。

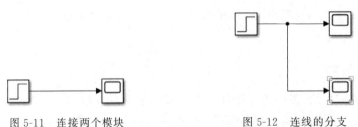

图 5-11 连接两个模块   图 5-12 连线的分支

3. 设定连线标签

只要在连线上双击鼠标，即可输入该连线的说明标签，如图 5-13 所示。

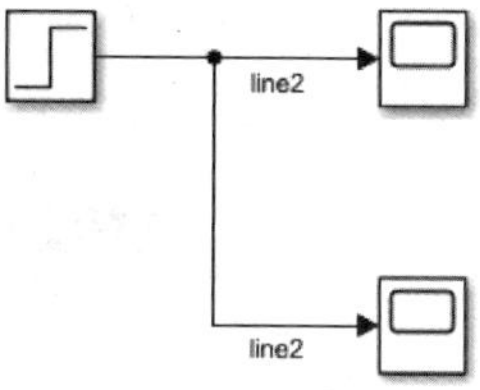

图 5-13　连线的标签

5.2.4　模块的参数设置

系统模块参数设置是 Simulink 仿真进行人机交的一种重要途径，虽然简单，但十分重要。Simulink 绝大多数系统模块都需要进行参数设置，即便用户自己封装的子系统通常也有参数设置项。Simulink 系统参数设置通常有以下 3 种方式：

（1）编辑框输入模式。

（2）下拉菜单选择模式。

（3）选择框模式。

下面以 Transfer Fcn 模块为例，双击模块，弹出参数设置对话框，如图 5-14 所示。修改图中参数，单击"确定"按钮，保存参数。

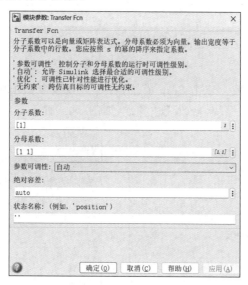

图 5-14　Transfer Fcn 模块参数

5.3　系统仿真实例

【例 5-1】 设系统的开环传递函数为

$$G(s) = \frac{2s + 7}{s^2 + 4s + 10}$$

求在单位阶跃输入作用下的单位负反馈系统时域响应。

步骤 1：建立一个空白模型窗口，并为窗口添加所需模块，如图 5-15 所示。

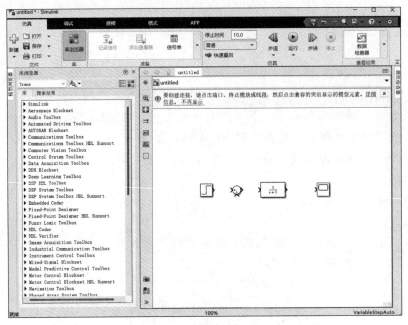

图 5-15　添加模块至窗口

步骤 2：修改系统参数。双击 Sum 模块，在符号列表参数项中输入"＋－"，如图 5-16 所示。双击 Transfer Fcn 模块，修改模块参数，如图 5-17 所示。

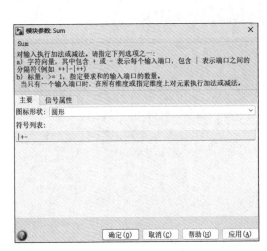

图 5-16　Sum 模块参数

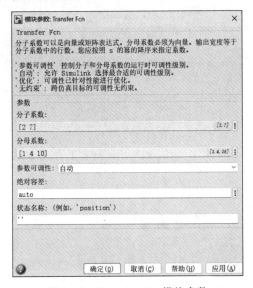

图 5-17　Transfer Fcn 模块参数

步骤 3：连接相关模块，构成所需的系统模型，如图 5-18 所示。

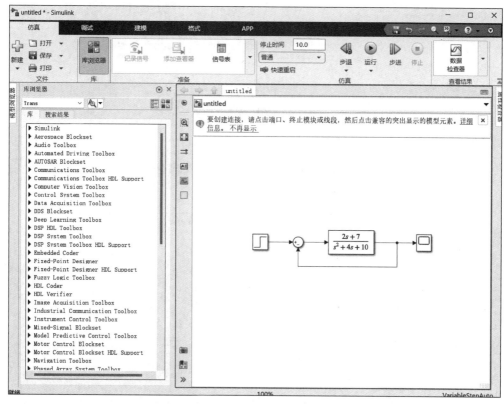

图 5-18　构建系统模型

步骤 4：单击运行按钮进行仿真，双击 Scope 模块（见图 5-18 中的图标 ⬚）即可查看仿真结果，如图 5-19 所示。

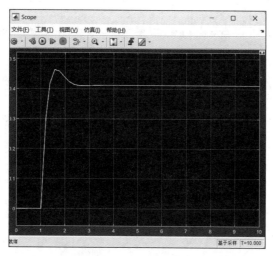

图 5-19　仿真结果

【例 5-2】 利用 Simulink 建立如图 5-20 所示的 PID 控制系统模型,并绘制其单位阶跃信号下的时域响应。

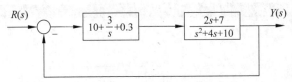

图 5-20　PID 控制系统图

步骤 1:建立一个空白模型窗口,并为窗口添加所需模块,如图 5-21 所示。

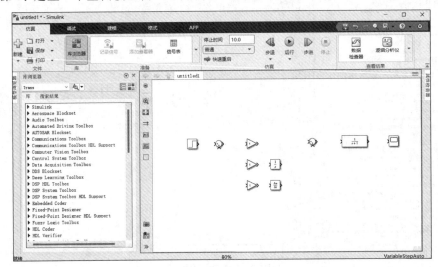

图 5-21　添加模块至窗口

步骤 2:修改系统参数。

步骤 3:连接相关模块,构成所需的系统模型,如图 5-22 所示。

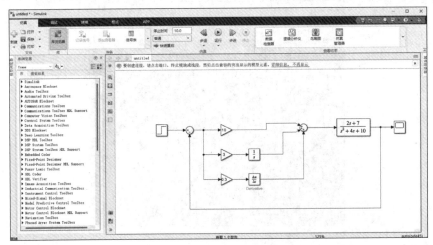

图 5-22　构建系统模型

步骤 4：单击运行按钮进行仿真，双击 Scope 模块(见图 5-22 中的图标▢)即可查看仿真，如图 5-23 所示。

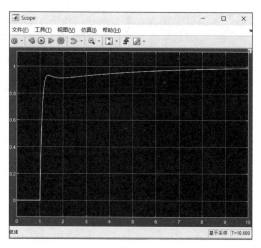

图 5-23　仿真结果

5.4　子系统的创建与封装

5.4.1　子系统的创建

在系统建模与仿真中，经常遇到很复杂的系统结构，难以用一个单一的模型框图进行描述。通常，需要将这样的框图分解成若干个具有独立功能的子系统，Simulink 支持这样的子系统结构。Simulink 提供的子系统功能可以大大增强 Simulink 系统框图的可读性，可以不必了解系统中每个模块的功能就能了解整个系统的系统框架。子系统可以理解为一种"容器"，可以将一组相关的模块封装到子系统中，并且等效于原系统模块库的功能，而对其中的模块可以暂时不去了解。组合后的子系统可以进行类似模块的设置，在模型的仿真过程中可作为一个模块。建立子系统有以下两种方法。

1. 在已有的系统模型中建立子系统

下面以例 5-2 中所建的 Simulink 模型为例，说明在已有的系统模型中建立子系统的过程。在图 5-24 所示的 Simulink 模型中，选择需要封装的模块区域，然后右击，在弹出的快捷菜单中，选择"基于所选内容创建子系统"选项，生成如图 5-25 所示的创建子系统后的模型。双击图 5-25 中的子系统模块，弹出如图 5-26 所示的子系统模块的具体构成图。

2. 在已有的系统模型中新建子系统

在第一种创建子系统的方法中，先将系统结构搭建起来，然后将相关的模块封装起来。

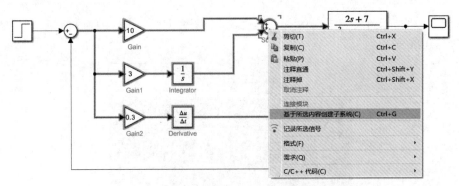

图 5-24   选择需要封装的模块

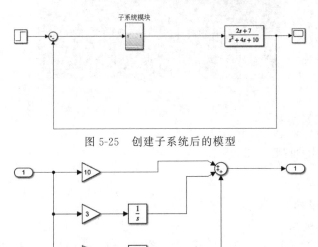

图 5-25   创建子系统后的模型

图 5-26   子系统模块的具体构成图

对于一个简单的系统模型,采用这种方法创建子系统,一般不会出错,能够顺利搭建模型。但对于非常复杂的系统,若采用第一种创建子系统的方法搭建系统模型,则容易出错。此时,我们可以采用第二种方法,即事先将复杂的系统模型分成若干子系统。创建子系统时,首先使用 Ports & Subsystems 模块库中的 Subsystem 模块建立子系统;然后构建系统的整体模型;最后编辑空的子系统。

在使用 Simulink 子系统建立模型时,有如下几个常用的操作:

(1) 子系统命名:命名方法与模块命名方法类似,是用有代表意义的文字命名子系统,有利于增强模块的可读性。

(2) 子系统编辑:用鼠标双击子系统模块图标,打开子系统对其进行编辑。

(3) 子系统的输入:使用 Sources 模块库中的 Input 模块,即 In1 模块,作为子系统的输入端口。

(4) 子系统的输出:使用 Sinks 模块库中的 Output 模块,即 Out1 模块,作为子系统的输出端口。

5.4.2　子系统的封装

子系统的创建是指将一组完成相关功能的模块包含到一个系统当中,用一个模块表示,主要是为了简化模型,增强模型的可读性,便于仿真和分析。而在仿真前,需要打开子系统模型窗口,对其中的每个模块分别进行参数设置。创建子系统虽然增加了模型的可读性,但并没有简化模型的参数设置。当模型中涉及多个子系统,同时每个子系统中模块参数设置都不相同时,系统仿真就很不方便,而且容易出错。

为了解决所创建子系统参数设置上的不足,要对子系统进行封装。将子系统模块中经常要设置的参数设置为变量,然后进行封装,使其中的变量可以在封装系统的参数对话框中统一进行设置,可大大简化系统仿真时参数的设置过程。

封装后的子系统可以作为用户的自定义模块,作为普通模块添加到 Simulink 模型中应用,也可以添加到模块库中以供调用。封装后的子系统可以定义自己的图标、参数和帮助文档,与 Simulink 的其他普通模块一样。双击封装后的子系统模块,会弹出对话框,可进行参数设置,如果有任何问题,则可以单击 Help 按钮查看帮助文档,只不过这些帮助文档是创建者自己编写的。

使用封装子系统技术具有以下优点:直接向子系统模块中传递参数,屏蔽用户不需要看到的细节;隐藏子系统模块中不需要过多展现的内容;保护子系统模块中的内容,防止模块被随意篡改。

封装的主要步骤如下。

首先,选中要封装的模块,右击,在弹出的快捷菜单中选择封装→创建封装选项,如图 5-27 所示。然后,在弹出的封装编辑器窗口上编辑页面参数即可实现封装,如图 5-28 所示。

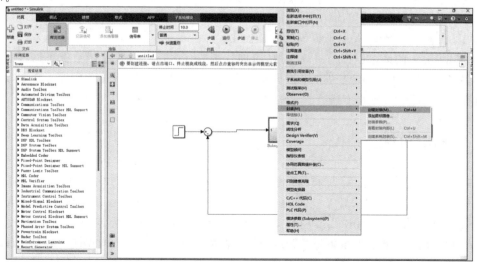

图 5-27　创建封装

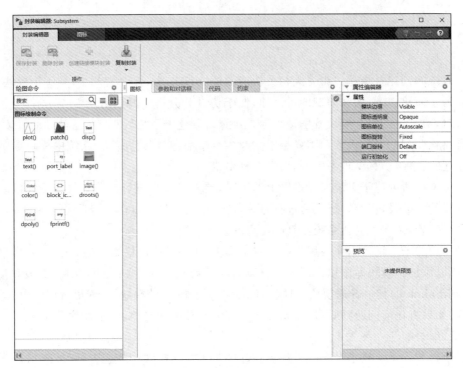

图 5-28　封装编辑器

从图 5-28 中可以看出，该窗口有图标、参数和对话框、代码和约束 4 个选项卡。

5.5　S 函数设计与应用

Simulink 为用户提供了许多内置的基本模块库，将这些功能模块进行连接可构成系统模型。对于那些经常使用的模块，可将它们进行组合并封装，构建出可重复使用的新模块，但它仍然是基于 Simulink 原来提供的内置模块。

Simulink 中的函数也称为系统函数，简称 S 函数。用户可以向 S 函数中添加自己的算法，该算法可以用 MATLAB 编写，也可以用 C/C++、FORTRAN 等语言编写。S 函数是一种功能强大的能够对模块库进行扩展的新工具。

5.5.1　S 函数的基本结构

S 函数是对一个动态系统的计算机程序语言描述，在 MATLAB 中，用户可以选择用 M 文件编写，也可以用 S 或 MEX 文件编写。在这里介绍用 M 文件编辑器编写 S 函数的方法。S 函数提供了扩展 Simulink 模块库的有力工具，它采用一种特定的调用方法，使函数和 Simulink 解算器进行交互联系。S 函数最广泛的用途是定制用户自己的 Simulink 模块。它的形式通用，能够支持连续系统、离散系统和混合系统。S 函数模块存放在 Simulink 模块库中的 User-Defined Functions 模块库中,通过此模块可以创建包含 S 函数的 Simulink 模型。S 函数文件名区域要填写 S 函数的文件名,不能为空,S 函数参数区填入 S 函数所需要的参数。

在 MATLAB 主界面中直接输入 edit sfuntmpl 命令,即可弹出 S 函数模板编辑的 M 文件环境,如图 5-29 所示,修改即可。

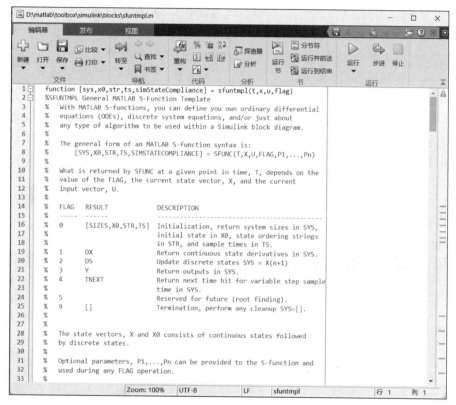

图 5-29 S 函数模板

S 函数的定义形式为

$$function[sys, x0, str, ts] = sfuntmp1(t, x, u, flag, p1, pn)$$

其中,sfuntmp1 为自己定义的函数名称;参数 t、x、u 分别对应时间、状态、输入信号;flag 为标志位,其取值不同,S 函数执行的任务和返回的数据也不同;pn 为额外的参数;sys 为一个通用的返回参数值,其数值根据 flag 的不同而不同;x0 为状态初始数值;一般 str=[] 即可;ts 为一个两列的矩阵,包含采样时间(整个模型的基础采样时间、各个子系统或模块的采样时间必须为这个步长的整数倍)和偏移量两个参数。如果 ts 设置为[0 0],则每个连续的采样时间步都运行;如果 ts 设置为[−1 0],则表示按照所连接的模块的采样速率进行;如果 ts 设置为[0.25 0.1],则表示仿真开始的 0.1s 后每 0.25s 运行一次,采样时间点 TimeHit =n * period + offset。

S 函数中目前支持的 flag 选择有 0、1、2、3、4、9 几个数值,下面介绍在不同的 flag 情况下 S 函数的执行情况。

(1) flag=0,进行系统的初始化过程,调用 mdlInitializeSizes 函数,对参数进行初始化设置,如离散状态个数、连续状态个数、模块输入和输出的路数、模块的采样周期个数和状态变量初始数值等。

(2) flag=1,进行连续状态变量的更新,调用 mdlDerivatives 函数。

(3) flag=2,进行离散状态变量的更新,调用 mdlUpdate 函数。

(4) flag=3,求取系统的输出信号,调用 mdlOutputs 函数。

(5) flag=4,调用 mdlGetTimeOfNextVarHit 函数,计算下一仿真时刻,由 sys 返回。

(6) flag=9,终止仿真过程,调用 mdlTerminate 函数。

在实际仿真过程中,Simulink 会自动将 flag 设置为 0,进行初始化过程,然后将 flag 的数值设置为 3,计算模块的输出,一个仿真周期后,Simulink 将 flag 的数值先后设置为 1 和 2,更新系统的连续和离散状态,再将其设置为 3,计算模块的输出,如此循环直至仿真结束条件满足。

在 MATLAB 主界面中直接输入 sfundemos 命令,即可调出 S 函数的许多编程实例,如图 5-30 所示。

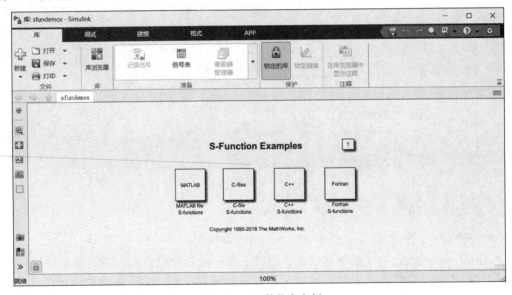

图 5-30　S 函数仿真实例

5.5.2　S 函数设计举例

【例 5-3】　使用 S 函数实现 $y=6x+4$,建立仿真模型,并在正弦信号下输出仿真结果。
步骤 1:在 MATLAB 的 M 文件编辑器中输入如下程序代码并保存为 s1.m。

```
function [sys,x0,str,ts,simStateCompliance] = sfuntmpl(t,x,u,flag)
switch flag,
  case 0,
    [sys,x0,str,ts,simStateCompliance] = mdlInitializeSizes;
  case 1,
    sys = mdlDerivatives(t,x,u);
  case 2,
    sys = mdlUpdate(t,x,u);
  case 3,
    sys = mdlOutputs(t,x,u);
  case 4,
    sys = mdlGetTimeOfNextVarHit(t,x,u);
  case 9,
    sys = mdlTerminate(t,x,u);
  otherwise
    DAStudio.error('Simulink:blocks:unhandledFlag', num2str(flag));

end

function [sys,x0,str,ts,simStateCompliance] = mdlInitializeSizes
sizes = simsizes;
sizes.NumContStates  = 0;
sizes.NumDiscStates  = 0;
sizes.NumOutputs     = 1;
sizes.NumInputs      = 1;
sizes.DirFeedthrough = 1;
sizes.NumSampleTimes = 1;        % at least one sample time is needed
sys = simsizes(sizes);
x0  = [];
str = [];
ts  = [0 0];
simStateCompliance = 'UnknownSimState';
function sys = mdlDerivatives(t,x,u)
sys = [];
function sys = mdlUpdate(t,x,u)
sys = [];
function sys = mdlOutputs(t,x,u)
sys = 6 * u + 4;
function sys = mdlGetTimeOfNextVarHit(t,x,u)
sampleTime = 1;
sys = t + sampleTime;
function sys = mdlTerminate(t,x,u)
sys = [];
```

步骤 2：新建 Simulink 仿真模型，分别将 Sine Wave、S-Function、BusCreator 和 Scope 拖入新建页面，如图 5-31 所示。

步骤 3：双击 S-Function 模块，在弹出对话框中的 S-Function 名称处输入 s1，如图 5-32 所示，单击"确定"按钮。

步骤 4：连接相关模块，如图 5-33 所示。

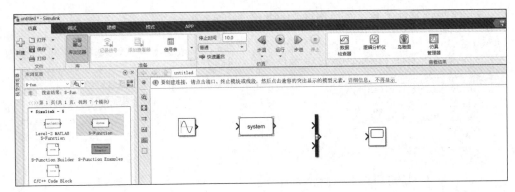

图 5-31　添加模块至窗口

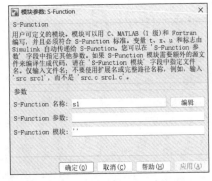

图 5-32　S-Function 模块参数设置

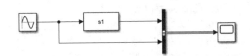

图 5-33　连接相关模块

步骤 5：启动仿真，仿真结果如图 5-34 所示。

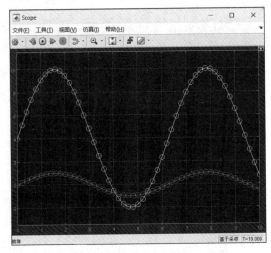

图 5-34　仿真结果

本章习题

1. 在 Simulink 中对模块进行下列操作：
- 翻转模块；
- 给模块添加标题；
- 给模块添加注释；
- 指定仿真时间；
- 设置示波器显示刻度。

2. 已知单位负反馈系统的开环传递函数为

$$G(s) = \frac{s+2}{s^2+4s+8}$$

求系统的单位阶跃响应曲线。

3. 建立 PID 控制器的 Simulink 模型并建立子系统，实现对如下被控对象的控制，并观察不同 PID 参数对控制效果的影响。

$$G(s) = \frac{10}{s^2+4s+12}$$

4. 建立一个简单的模型，用信号发生器产生一个幅值为 4V、频率为 1Hz 的正弦波，并叠加一个 0.2V 的噪声信号，结果显示在示波器上。

5. 利用 S 函数实现增益，使得系统输出 $y=3u$。

本章内容涉及较多数学和物理系统的一些理论知识,有些需要进一步回顾,有些需要加深理解,特别是时域和频域的多种数学描述方法、各种数学模型之间的对应转换关系,对下一步深入讨论自动控制理论的时域分析、根轨迹分析、频域分析及系统的稳定性等方面至关重要。

6.1 拉普拉斯变换及其 MATLAB 描述

拉普拉斯变换(也称拉氏变换)是工程数学中常用的一种积分变换,它是将时间域变换到复数 s 域的方法,控制系统最基本的数学模型是微分方程,最常用的数学模型是传递函数,传递函数是用 s 域表示的。

6.1.1 拉普拉斯变换

语法格式:

```
F = laplace(f,t,s)              %求时域函数 f 的拉普拉斯变换 F
```

说明:返回结果 F 为 s 的函数。当参数 s 省略时,返回结果 F 默认为 s 的函数。f 为 t 的函数,当参数 t 省略时,默认自变量为 t。

6.1.2 拉普拉斯反变换

语法格式:

```
f = ilaplace(F,s,t)             %求 F 的拉普拉斯反变换 f
```

说明:把 s 域的函数转换成 t 域的函数。

【例 6-1】 求 $f(t) = \cos(at) + \mathrm{e}^{-at}$ 的拉普拉斯变换和反变换。

程序代码:

```
syms t a s;
F1 = laplace(cos(a * t) + exp( - a * t))
f = ilaplace(F1,s,t)
```

运行结果：

```
F1 = s/(a^2 + s^2) + 1/(a + s)
f = cos(a * t) + exp( - a * t)
```

6.2　传递函数建立及其 MATLAB 描述

线性定常系统的传递函数 $G(s)$ 定义为在零初始条件下，系统输出量的拉氏变换与输入量的拉氏变换之比。

设线性定常系统的 n 阶线性常微分方程为

$$a_0 \frac{\mathrm{d}^n c(t)}{\mathrm{d}t^n} + a_1 \frac{\mathrm{d}^{n-1} c(t)}{\mathrm{d}t^{n-1}} + \cdots + a_{n-1} \frac{\mathrm{d}c(t)}{\mathrm{d}t} + a_n c(t)$$

$$= b_0 \frac{\mathrm{d}^m r(t)}{\mathrm{d}t^m} + b_1 \frac{\mathrm{d}^{m-1} r(t)}{\mathrm{d}t^{m-1}} + \cdots + b_{m-1} \frac{\mathrm{d}r(t)}{\mathrm{d}t} + b_m r(t) \tag{6-1}$$

式中：$c(t)$ 为系统的输出量；$r(t)$ 为系统的输入量；$a_0, a_1, \cdots, a_n$ 及 $b_0, b_1, \cdots, b_m$ 均是与系统结构参数有关的常系数。设 $r(t)$ 和 $c(t)$ 及其各阶导数在 $t=0$ 时的值均为 0，即零初始条件，根据拉氏变换的微分定理，对式(6-1)取拉氏变换：

$$(a_0 s^n + a_1 s^{n-1} + \cdots + a_{n-1} s + a_n)C(s)$$

$$= (b_0 s^m + b_1 s^{m-1} + \cdots + b_{m-1} s + b_m)R(s) \tag{6-2}$$

再由传递函数的定义得到系统的传递函数为

$$G(s) = \frac{C(s)}{R(s)} = \frac{b_0 s^m + b_1 s^{m-1} + \cdots + b_{m-1} s + b_m}{a_0 s^n + a_1 s^{n-1} + \cdots + a_{n-1} s + a_n} \tag{6-3}$$

不难看出，在零初始条件下，只需把系统的微分方程中各阶导数用 s 的相应次幂代替，即可求出系统的传递函数。

这里的零初始条件包含两方面意思：一是指输入作用是在 $t=0$ 以后才加于系统，因此输入量及其各阶导数在 $t=0_-$（表示系统在 $t=0$ 前的状态）时的值为零；二是指输入信号作用于系统之前系统是静止的，即 $t=0_-$ 时，系统的输出量及其各阶导数为零。

6.2.1　多项式传递函数模型

在 MATLAB 中，函数 tf 用于建立或转换控制系统的传递函数（Transfer Function，TF）模型，其语法格式如下：

```
sys = tf(num,den)          % 生成传递函数模型 sys
sys = tf(num,den,Ts)       % 生成离散时间系统的脉冲传递函数模型 sys
```

```
sys = tf('s')            % 指定传递函数模型以拉普拉斯变换算子 s 为自变量
sys = tf('z',Ts)         % 指定脉冲传递函数模型以 z 变换算子 z 为自变量,以 Ts 为采样周期
tfsys = tf(sys)          % 将任意线性定常系统 sys 转换为传递函数模型 tfsys
```

若已知传递函数 $G(s)$,则可以反推传递函数的分子向量和分母向量,语法格式如下:

```
num = G.num{1}           % 取分子向量
den = G.den{1}           % 取分母向量
[num den] = tfdata(G, 'v') % 其中'v'表示想获得的数值
```

【例 6-2】 已知控制系统的传递函数为

$$G(s) = \frac{s+1}{s^3 + 3s + 4}$$

试用 MATLAB 建立其数学模型。

(1) 在 MATLAB 命令行窗口中输入:

```
num = [1 1];
den = [1 0 3 4];
sys = tf(num,den)
```

结果:

```
    sys =
    s + 1
 -----------
s^3 + 3 s + 4
```

(2) 直接生成传递函数模型:

```
sys = tf([1 1],[1 0 3 4 ])
```

结果:

```
    sys =
    s + 1
 -----------
s^3 + 3 s + 4
```

(3) 指定使用拉普拉斯算子 s 生成传递函数:

```
sys = tf('s');
G = (s + 1)/(s^3 + 3 * s + 4)
```

结果:

```
   G =
   s + 1
 -----------
s^3 + 3 s + 4
```

【例 6-3】 已知控制系统的传递函数为

$$G(s) = \frac{s+1}{s^3 + 3s + 4}$$

试用 MATLAB 求其分子和分母向量。

（1）方法 1。

程序代码：

```
G = (s + 1)/(s^3 + 3 * s + 4);
num = G.num{1}
den = G.den{1}
```

运行结果：

```
num =
0    0    1    1
den =
1    0    3    4
```

（2）方法 2。

程序代码：

```
G = (s + 1)/(s^3 + 3 * s + 4);
[num den] = tfdata(G, 'v')
```

运行结果：

```
num =
    0    0    1    1
den =
    1    0    3    4
```

6.2.2　零极点传递函数模型

在 MATLAB 中，函数 zpk 用于建立或转换线性定常系统的零极点增益（Zero-Pole-Gain，ZPK）模型，其语法格式如下：

```
sys = zpk(z,p,k)            % 建立连续系统的零极点增益模型 sys
sys = zpk(z,p,k,Ts)         % 建立离散系统的零极点增益模型 sys
sys = zpk('s')              % 指定零极点增益模型以拉普拉斯变换算子 s 为自变量
sys = zpk('z')              % 指定零极点增益模型以 z 变换算子为自变量
zsys = zpk(sys)             % 将任意线性定常系统模型 sys 转换为零极点增益模型
```

说明：（1）z、p、k 分别对应系统的零点向量、极点向量和增益。

（2）若系统不包含零点（或极点），则取 z=[]（或 p=[]）。

（3）Ts 为采样周期。若采样周期未定义，则指定 Ts=−1 或 Ts=[]。

【例 6-4】　已知线性定常连续系统的传递函数为

$$G(s) = \frac{10(s + 1)}{s(s + 2)(s + 3)}$$

试用 MATLAB 建立其零极点增益数学模型。

程序代码：

```
z = [ -1];p = [0 -2 -3];k = 10;
zpk(z,p,k)
```

运行结果：

```
    ans =
    10 (s + 1)
-----------
s (s + 2) (s + 3)
```

【例 6-5】 已知线性定常连续系统的传递函数为

$$G(s) = \frac{5s + 5}{s^2 + 2s + 3}$$

试用 MATLAB 建立其零极点增益数学模型。

程序代码：

```
num = [5 5];
den = [1 2 3];
sys = tf(num,den);
zsys = zpk(sys)
```

运行结果：

```
    zsys =
    5 (s + 1)
------------
(s^2 + 2s + 3)
```

6.2.3　状态空间模型

状态方程与输出方程的组合称为状态空间表达式，又称为动态方程，其表示如下：

$$\begin{cases} \dot{x} = Ax + Bu \\ y = Cx + Du \end{cases}$$

在 MATLAB 中建立状态空间模型的语法格式如下：

```
G = ss(A,B,C,D)          % 由 A、B、C、D 系数矩阵获得传递函数
[A,B,C,D] = ssdata(G)    % 由传递函数获取状态模型的 4 个系数矩阵
```

【例 6-6】 已知系统的状态空间表达式为

$$\begin{cases} \dot{x} = \begin{bmatrix} 0 & 1 & -1 \\ -6 & -11 & 6 \\ -6 & -11 & 6 \end{bmatrix} x + \begin{bmatrix} -1 \\ 6 \\ 5 \end{bmatrix} u \\ y = \begin{bmatrix} 6 & 0 & 0 \end{bmatrix} x \end{cases}$$

试建立系统的状态空间模型。

程序代码：

```
A = [0 1 - 1; - 6 - 11 6; - 6 - 11 6];
B = [ - 1;6;5];
C = [6 0 0];
D = 0;
G = ss(A,B,C,D)
```

运行结果：

```
A =
            x1    x2    x3
    x1      0     1    - 1
    x2     - 6   - 11    6
    x3     - 6   - 11    6

B =
            u1
    x1     - 1
    x2      6
    x3      5

C =
            x1   x2   x3
    y1       6    0    0

D =
            u1
    y1       0
```

若想要求该系统的传递函数，则有

程序代码：

```
G1 = tf(G)
```

运行结果：

```
G1 =

             - 6 s^2 - 24 s + 30
        --------------------------------
        s^3 + 5 s^2 + 7.55e - 15 s + 5.329e - 15
```

6.2.4 传递函数各形式的相互转换

多种传递函数形式可以通过转换函数进行转换，转换的形式分别是多项式形式、零极点形式、状态空间形式之间的相互转换。语法格式如下：

（1）传递函数→零极点增益：tf2zp 函数。

```
[z,p,k] = tf2zp(num,den);
```

（2）零极点→多项式形式：zp2tf 函数。

```
[num,den] = zp2tf(z,p,k);
G = tf(num,den);
```

（3）多项式→状态空间形式：tf2ss 函数。

```
[A,B,C,D] = tf2ss(num,den);
G = ss(A,B,C,D)
```

（4）状态空间→多项式形式：ss2tf 函数。

```
[num,den] = ss2tf(A,B,C,D);
G = tf(num,den);
```

（5）零极点→状态空间形式：zp2ss 函数。

```
[A,B,C,D] = zp2ss(z,p,k);
G = ss(A,B,C,D)
```

（6）状态空间→零极点形式：ss2zp 函数。

```
[z,p,k] = ss2zp(A,B,C,D);
G = zpk(z,p,k)
```

图 6-1 显示了 SS（状态空间）、ZPK（零极点增益）和 TF（传递函数）模型间模型参数的转换关系。

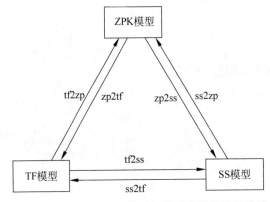

图 6-1　SS、ZPK 和 TF 模型间模型参数的转换关系

【例 6-7】　已知 $G(s) = \dfrac{2(s+3)(s+5)}{(s+2)(s+4)(s+6)}$，试建立其零极点传递函数并转换成多项式形式。

程序代码：

```
z = [ - 3; - 5];
p = [ - 2; - 4; - 6];
k = 2;
G = zpk(z,p,k)
[num,den] = zp2tf(z,p,k);
G = tf(num,den)
```

运行结果：

```
G =

    2 (s + 3) (s + 5)
   -----------------
   (s + 2) (s + 4) (s + 6)
G =

    2 s^2 + 16 s + 30
   ---------------------
   s^3 + 12 s^2 + 44 s + 48
```

【例 6-8】 已知 $G(s) = \dfrac{2s^2 + 16s + 30}{s^3 + 12s^2 + 44s + 48}$，试将多项式形式转换成零极点传递函数。

程序代码：

```
num = [2 16 30];
den = [1 12 44 48];
[z,p,k] = tf2zp(num,den);
G = zpk(z,p,k)
```

运行结果：

```
G =
     2 (s + 5) (s + 3)
    -----------------
    (s + 6) (s + 4) (s + 2)
```

6.2.5 部分分式展开描述

线性连续控制系统的传递函数也可以表示成部分分式的形式，即

$$G(s) = \frac{C(s)}{R(s)} = \frac{r_1}{s - p_1} + \frac{r_2}{s - p_2} + \frac{r_3}{s - p_3} \cdots + \frac{r_n}{s - p_n} + k$$

式中：r_i 为留数；p_i 为极点；k 为常数项。

在 MATLAB 控制工具箱中，提供了 residue 函数来实现传递函数和部分分式之间的转换，其调用格式为

```
[r,p,k] = residue(num,den)% 将传递函数展开为部分分式
[num,den] = residue(r,p,k)% 将部分分式展开式返回到传递函数多项式的形式
```

其中，num 和 den 分别为传递函数的分子和分母多项式的系数向量；r 为留数；p 为极点；k 为常数项。

【例 6-9】 用 MATLAB 语言描述某系统的传递函数 $G(s) = \dfrac{s+3}{s^2+2s+2}$ 的部分分式的展开式。

程序代码：

```
num = [ 0 1 3 ];
den = [ 1 3 2 ];
[r, p, k] = residue(num,den)
```

运行结果：

```
r =
    - 1
      2
p =
    - 2
    - 1
k =
    [ ]
```

相当于传递函数为

$$\frac{-1}{s+2} + \frac{2}{s+1}$$

6.3　动态结构图化简

在实际应用中，自动控制系统由被控对象和控制装置组成，可以分解为多个环节并通过各种连接方式连接构成。系统由多个单一的模型组合而成，每个单一模型都可以用一组微分方程或传递函数来描述。基于模型不同的连接和互连信息，合成后的模型有不同的结果。模型间的连接主要有串联连接、并联连接和反馈连接等。通过对系统的不同连接情况进行处理，可以简化系统模型。

MATLAB控制工具箱中提供了对自动控制系统的简单模型进行连接的函数，下面将进行介绍。

6.3.1　串联结构

在自动控制系统中，将 n 个环节根据信号的传递方向串联起来的连接方式称为串联连接。串联连接结构图及其等效变换如图 6-2 所示，其特点是各环节之间是按照信号的传递方向首尾相连。

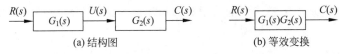

(a) 结构图　　　　　　　　　　　(b) 等效变换

图 6-2　串联连接结构图及其等效变换

语法格式：

```
G = G1 * G2
G = series(G1,G2)
[num,den] = series(num1,den1,num2,den2)
```

【例 6-10】　设系统有两个模块的传递函数，分别为

$$G_1(s) = \frac{s+3}{(s+4)(s^2+2s+2)}, \quad G_2(s) = \frac{s-1}{s^2+2s+1}$$

试求其串联后的传递函数。

有两个方法可以实现模块的串联，下面分别介绍。

（1）方法 1：

程序代码：

```
num1 = [1 3];
den1 = conv([1 4],[1 2 2]);
num2 = [1 -1];
den2 = [1 2 1];
[num,den] = series(num1,den1,num2,den2);
G = tf(num,den)
```

运行结果：

```
G =

              s^2 + 2 s - 3
    ---------------------------------
    s^5 + 8 s^4 + 23 s^3 + 34 s^2 + 26 s + 8
```

（2）方法 2：

程序代码：

```
num1 = [1 3];
den1 = conv([1 4],[1 2 2]);
G1 = tf(num1,den1);
num2 = [1 -1];
den2 = [1 2 1];
G2 = tf(num2,den2);
G = G1 * G2
```

运行结果：

```
G =

              s^2 + 2 s - 3
    ---------------------------------
    s^5 + 8 s^4 + 23 s^3 + 34 s^2 + 26 s + 8
```

6.3.2　并联结构

并联连接结构图及其等效变换如图 6-3 所示，其特点是各环节的输入量为同一变量，输

出量为各环节的输出量的代数和。

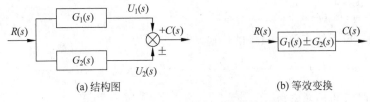

(a) 结构图　　　　　　　　　　　　(b) 等效变换

图 6-3　并联连接结构图及其等效变换

语法格式：

```
G = G1 + G2
G = parallel(G1,G2)
[num,den] = parallel (num1,den1,num2,den2)
```

【例 6-11】　设系统有两个模块的传递函数，分别为

$$G_1(s) = \frac{s+3}{(s+4)(s^2+2s+2)}, \quad G_2(s) = \frac{s-1}{s^2+2s+1}$$

试求其并联后的传递函数。

程序代码：

```
num1 = [1 3];
den1 = conv([1 4],[1 2 2]);
G1 = tf(num1,den1);
num2 = [1 -1];
den2 = [1 2 1];
G2 = tf(num2,den2);
G = parallel(G1,G2)
```

运行结果：

```
G =

     s^4 + 6 s^3 + 9 s^2 + 5 s - 5
   ---------------------------------
   s^5 + 8 s^4 + 23 s^3 + 34 s^2 + 26 s + 8
```

6.3.3　反馈结构

若将系统或环节的输出信号反馈到输入端，与输入信号相比较，就构成了反馈连接，如图 6-4 所示。图中，"－"表示负反馈，"＋"表示正反馈，分别表示输入信号与反馈信号相减或相加。

语法格式：

```
G = feedback(G1,G2,sign)   % sign 用来表示反馈的符号，sign = 1 表示正反馈，sign = -1 或省略表
                            % 示负反馈
```

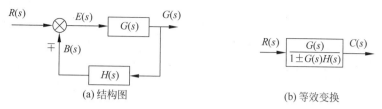

图 6-4 反馈连接结构图及其等效变换

[num,den] = feedback(num1,den1,num2,den2,sign)

【例 6-12】 设系统前向通道和反馈通道环节的传递函数分别为

$$G_1(s) = \frac{s+3}{(s+4)(s^2+2s+2)}, \quad G_2(s) = \frac{s-1}{s^2+2s+1}$$

试求系统的正、负反馈的传递函数。

程序代码：

```
num1 = [1 3];
den1 = conv([1 4],[1 2 2]);
G1 = tf(num1,den1);
num2 = [1 -1];
den2 = [1 2 1];
G2 = tf(num2,den2);
G = feedback(G1,G2,1)
G = feedback(G1,G2,-1)
```

运行结果：

```
G =

           s^3 + 5 s^2 + 7 s + 3
    -----------------------------------
   s^5 + 8 s^4 + 23 s^3 + 33 s^2 + 24 s + 11
G =

           s^3 + 5 s^2 + 7 s + 3
    -----------------------------------
   s^5 + 8 s^4 + 23 s^3 + 35 s^2 + 28 s + 5
```

【例 6-13】 飞行器俯仰角控制系统结构图如图 6-5 所示，设 $K = 0.25$，用 MATLAB 编程解决下面问题。

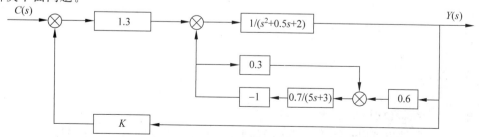

图 6-5 飞行器俯仰角控制系统结构图

（1）求取系统闭环传递函数的多项式模型。

（2）将系统传递函数模型转换为 ZPK 模型。

（3）求取系统的特征根。

（1）程序代码：

```
sys1 = tf( - 0.7,[5 3]);
sys2 = feedback(sys1,0.3, + 1);
sys3 = series(sys2,0.6);
sys4 = tf(1,[1 0.5 2]);
sys5 = feedback(sys4,sys3, + 1);
sys6 = tf(1.3,1);
sys7 = series(sys6,sys5);
sys8 = tf(0.25,1);
sys = feedback(sys7,sys8, - 1)
```

运行结果：

```
sys =
              6.5 s + 4.173
    ---------------------------------
    5 s^3 + 5.71 s^2 + 13.23 s + 7.883
```

（2）程序代码：

```
sys = zpk(sys)
```

运行结果：

```
sys =
              1.3 (s + 0.642)
    ---------------------------------
    (s + 0.6764) (s^2 + 0.4656s + 2.331)
```

（3）程序代码：

```
p = roots(sys.den{1})
```

运行结果：

```
p =
  - 0.2328 + 1.5089i
  - 0.2328 - 1.5089i
  - 0.6764 + 0.0000i
```

因为所有的特征根均有负的实部，所以系统稳定。

6.3.4 复杂结构

建立复杂结构模型的一般步骤如下：

（1）将复杂结构模型转换成信号流图的形式，按各个模块的通路顺序编号。

（2）使用 append 函数实现各模块的连接。

```
G = append(G1,G2,G3, … )
```

（3）指定连接关系：写出各通路的输入输出关系矩阵 $\mathbf{Q}$，其第一列是模块通路编号，从第二列开始的各列分别为进入该模块的所有通路编号。

（4）指定输入和输出编号：INPUTS 为系统整体的输入信号所加入的通路编号；OUTPUTS 为系统整体的输出信号所在通路编号。

（5）使用 connect 函数构造整个系统的模型。

```
sys = connect(G, Q, INPUTS, OUTPUTS)
```

【**例 6-14**】 设某系统的动态结构如图 6-6 所示，试绘制信号流图，并用 MATLAB 求其传递函数。

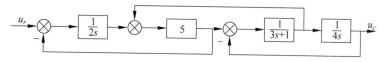

图 6-6 某系统的动态结构图

解：（1）绘制信号流图并将各模块的通路编号，如图 6-7 所示。

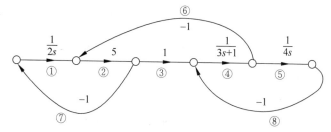

图 6-7 模块的信号流图

（2）使用 append 函数实现各模块未连接的系统矩阵。

```
G1 = tf(1,[2 0]);
G2 = 5;
G3 = 1;
G4 = tf(1,[3 1]);
G5 = tf(1,[4 0]);
G6 = -1;
G7 = tf(-1,1);
G8 = -1;
G = append(G1,G2,G3,G4,G5,G6,G7,G8)
```

（3）指定连接关系。

```
Q = [1 7 0;            % 通路①的输入信号为通路⑦
    2 1 6;            % 通路②的输入信号为通路①和通路⑥
    3 2 0;            % 通路③的输入信号为通路②
    4 3 8;            % 通路④的输入信号为通路③和通路⑧
```

```
540;                    %通路⑤的输入信号为通路④
640;                    %通路⑥的输入信号为通路④
720;                    %通路⑦的输入信号为通路②
850];                   %通路⑧的输入信号为通路⑤
```

（4）指定输入和输出编号。

INPUTS = 1;OUTPUTS = 5;

（5）使用 connect 函数构造整个系统的模型。

sys = connect(G,Q,INPUTS,OUTPUTS)

运行结果：

sys =

```
                  0.2083
    ---------------------------------
    s^3 + 4.5 s^2 + 0.9167 s + 0.2083
```

本章习题

1. 已知某系统的传递函数为

$$G(s) = \frac{50(s+3)}{s^3 + 10s^2 + 27s + 58}$$

试用 MATLAB 建立其数学模型。

2. 已知某系统的传递函数为

$$G(s) = \frac{4(s+5)(s+1)}{s^3 + 10s^2 + 27s + 58}$$

试用 MATLAB 求其分子和分母向量。

3. 已知某单位负反馈系统的前向通道传递函数为

$$G(s) = \frac{\omega_n^2}{s^2 + 2\zeta\omega_n s + \omega_n^2}$$

其中，$\omega_n = 8$，$\zeta = 0.7$，试用 MATLAB 求该系统的传递函数。

4. 已知控制系统的结构图如图 6-8 所示，试用 MATLAB 求开环增益 $K = 10$ 时的闭环传递函数。

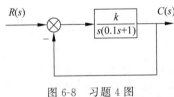

图 6-8　习题 4 图

5. 设系统有两个模块的传递函数,分别为

$$G_1(s) = \frac{s+5}{s(s^2+2s+2)}, \quad G_2(s) = \frac{s-1}{s^2+2s+3}$$

试求其串联后和并联后的传递函数。

6. 已知系统的动态结构图如图 6-9 所示,试用 MATLAB 求其传递函数 $\dfrac{C(s)}{R(s)}$。图中:

$$G_1(s) = \frac{1}{s+1}, \quad G_2(s) = \frac{s+2}{s^3+3s^2+2s+1}, \quad G_3(s) = \frac{1}{s},$$

$$H_1(s) = \frac{2}{s(s+1)}, \quad H_2(s) = \frac{2}{3s}$$

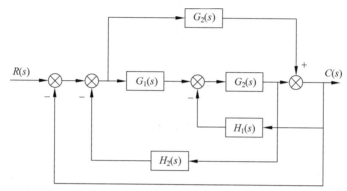

图 6-9　习题 6 图

7. 已知系统的状态空间描述为

$$\begin{cases} \dot{\boldsymbol{x}}(t) = \begin{bmatrix} 3 & 4 & 6 \\ 2 & 0 & 0 \\ 0 & 2 & 0 \end{bmatrix} \boldsymbol{x}(t) + \begin{bmatrix} 1 \\ 0 \\ 0 \end{bmatrix} \boldsymbol{u}(t) \\ \boldsymbol{y}(t) = \begin{bmatrix} 0,3,6 \end{bmatrix} \boldsymbol{x}(t) + \begin{bmatrix} 0 \end{bmatrix} \boldsymbol{u}(t) \end{cases}$$

试建立系统的 SS 模型。

第 **7** 章 MATLAB 在控制系统中的时域分析

控制系统的时域分析是指控制系统在一定的输入情况下，根据输出量在时域的表达式，对系统的稳定性、动态和稳态性能进行分析。由于时域分析是直接在时间域中对系统进行分析的方法，因此时域分析具有直观和准确的优点。

7.1 控制系统时域分析

系统的性能指标是指在分析一个控制系统时评价系统性能好坏的标准。系统性能的描述又可以分为动态性能和稳态性能。粗略地说，在系统的全部响应过程中，系统的动态性能表现在过渡过程结束之前的响应中，系统的稳态性能表现在过渡过程结束之后的响应中。系统性能的描述如果以准确的定量方式来描述，则称为系统的性能指标。

当然，在讨论系统的稳态性能指标和动态性能指标时，其前提是系统为稳定的，否则这些指标就无从谈起。总体来看，系统的基本要求可以归结为 3 方面：系统应满足稳定性要求；当系统进入稳态后，应满足给定的稳态误差要求；当系统在动态过程中，应满足动态品质要求。

7.1.1 时域分析函数及性能指标

初始状态为 0 的控制系统在典型输入信号作用下的输出，称为典型时间响应。规定控制系统的初始状态均为零状态，即在外作用加于系统的瞬间之前（$t=0_-$），系统是相对静止的，被控量及其各阶导数相对于平衡工作点的增量为 0。常见的典型输入信号有阶跃信号、斜坡信号、脉冲信号、加速度信号和正弦信号等。

1. 单位阶跃响应

系统在单位阶跃输入 $r(t)=1(t)$ 作用下的响应，称为单位阶跃响应，常用 $h(t)$ 表示，如图 7-1(a)表示。

(a) 单位阶跃响应　　(b) 单位斜坡响应　　(c) 单位脉冲响应

图 7-1　典型时间响应

若系统的闭环传递函数为 $\Phi(s)$，则单位阶跃响应 $h(t)$ 的拉氏变换为

$$H(s) = \Phi(s)R(s) = \Phi(s) \cdot \frac{1}{s} \tag{7-1}$$

故

$$h(t) = L^{-1}[H(s)]$$

2. 单位斜坡响应

系统在单位斜坡输入 $r(t) = t \cdot 1(t)$ 作用下的响应，称为单位斜坡响应，常用 $c_t(t)$ 表示，如图 7-1(b) 表示。

若系统的闭环传递函数为 $\Phi(s)$，则单位斜坡响应 $c_t(t)$ 的拉氏变换为

$$C_t(s) = \Phi(s)R(s) = \Phi(s) \cdot \frac{1}{s^2} \tag{7-2}$$

故

$$c_t(t) = L^{-1}[C_t(s)]$$

3. 单位脉冲响应

系统在单位脉冲输入 $r(t) = \delta(t)$ 作用下的响应，称为单位脉冲响应，常用 $k(t)$ 表示，如图 7-1(c) 表示。

若系统的闭环传递函数为 $\Phi(s)$，则单位斜坡响应 $k(t)$ 的拉氏变换为

$$K(s) = \Phi(s)R(s) = \Phi(s) \cdot 1 = \Phi(s) \tag{7-3}$$

故

$$k(t) = L^{-1}[K(s)] = L^{-1}[\Phi(s)]$$

一般认为，阶跃输入对系统来说是最严峻的工作状态。如果系统在阶跃信号作用下的动态性能满足要求，那么系统在其他形式信号作用下的动态性能也是令人满意的。系统的典型阶跃响应如图 7-2 所示，其性能指标如下所述。

(1) 延迟时间(t_d)：指单位阶跃响应曲线 $h(t)$ 上升到其稳态值的 50% 所需要的时间。

(2) 上升时间(t_r)：指单位阶跃响应曲线 $h(t)$ 从稳态值的 10% 上升到 90% 所需要的时间(也可指响应从零开始上升至第一次达到稳态值所需要的时间)。

(3) 峰值时间(t_p)：指单位阶跃响应曲线 $h(t)$ 超过其稳态值而达到第一个峰值所需的时间。

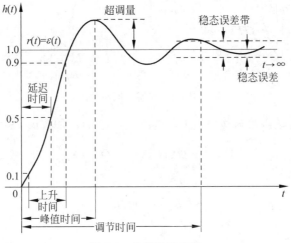

图 7-2　典型阶跃响应

（4）超调量（$\sigma\%$）：指单位阶跃响应曲线 $h(t)$ 中对稳态值的最大超出量与稳态值之比，有的也用 $\sigma_p\%$ 表示。

$$\sigma\% = \frac{h(t_p) - h(\infty)}{h(\infty)} \times 100\% \tag{7-4}$$

式中：$h(t_p)$ 为单位阶跃响应的峰值；$h(\infty)$ 为单位阶跃响应的稳态值。

（5）调节时间（t_s）：指在响应曲线中，$h(t)$ 进入稳态值附近 $\pm 5\% h(\infty)$ 或 $\pm 2\% h(\infty)$ 误差带而不再超出的最小时间。t_s 标志过渡过程结束，系统的响应进入稳态过程。

（6）稳态误差（e_{ss}）：指时间 t 趋于无穷时，系统的期望值与响应的稳态值之差，即

$$e_{ss} = 1 - h(\infty) \tag{7-5}$$

（7）振荡次数（N）：指在 $0 \leqslant t \leqslant t_s$ 时间内，响应曲线穿越其稳态值 $h(\infty)$ 次数的一半。次数少，表明系统稳定性好。图 7-2 中系统的振荡次数为 1.5 次。

7.1.2　系统阶跃响应

一阶系统的闭环传递函数为

$$\Phi(s) = \frac{C(s)}{R(s)} = \frac{1}{Ts + 1} \tag{7-6}$$

式中：T 为一阶系统的时间常数。T 是表征系统惯性的一个主要参数，故一阶系统也称为惯性环节。不同系统中的 T 具有不同的物理意义，但它总是具有时间"秒"的量纲。

令 $r(t) = 1(t)$，则有 $R(s) = \dfrac{1}{s}$，则输出 $C(s)$ 为

$$C(s) = \Phi(s)R(s) = \frac{1}{Ts + 1} \cdot \frac{1}{s} \tag{7-7}$$

取 $C(s)$ 的拉氏反变换,得

$$h(t) = c(t) = L^{-1}\left[\frac{1}{Ts+1} \cdot \frac{1}{s}\right]$$

$$= L^{-1}\left[\frac{1}{s} - \frac{1}{s+\frac{1}{T}}\right] = 1 - e^{-\frac{1}{T}t} \tag{7-8}$$

通常,在系统阶跃响应曲线上定义系统动态性能指标。因此,在用 MATLAB 求取系统动态性能指标之前,首先给出单位阶跃响应函数 step 的详细用法。

设给定系统 G＝tf(num,den),可使用表 7-1 中所列函数调用方式得到系统阶跃响应函数。

表 7-1　系统阶跃响应函数用法及说明

函 数 用 法	说　　明
step(num,den)或 step(G)	绘制系统阶跃响应曲线
step(num,den,t)或 step(G,t)	绘制系统阶跃响应曲线,由用户指定时间范围
y＝step(num,den,t)或 y＝step(G,t)	返回系统阶跃响应曲线 y 值,不绘制图形,用户可以调用 plot 函数绘制
［y,t］＝step(num,den,t) 或 ［y,t］＝step(G,t)	返回系统阶跃响应曲线 y 值和 t 值,不绘制图形,用户可以调用 plot 函数绘制

在 MATLAB 中,求脉冲作用下的响应用 impulse 函数,求任意输入激励下的响应用 lsim 函数。

【例 7-1】　绘制一阶惯性系统 $G(s) = \dfrac{1}{0.2s+1}$ 在单位阶跃输入作用下的响应曲线。

在 MATLAB 的命令行窗口中输入下列命令:

```
>> num = 1;
>> den = [0.2 1];
>> step(num,den)
```

运行结果如图 7-3 所示。

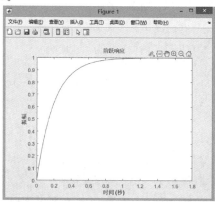

图 7-3　一阶惯性系统在单位阶跃作用下的输出曲线

【例 7-2】 绘制一阶惯性系统 $G(s) = \dfrac{1}{2s+1}$ 在单位脉冲输入作用下的响应曲线。

在 MATLAB 的命令行窗口中输入下列命令：

```
>> num = 1;
>> den = [2 1];
>> impulse(num,den)
```

运行结果如图 7-4 所示。

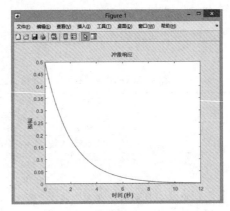

图 7-4　一阶惯性系统在单位脉冲作用下的输出曲线

在 MATLAB 中，斜坡响应和加速度响应可借助阶跃响应求得

$$斜坡响应 = 阶跃响应 \times 1/s$$

$$加速度响应 = 阶跃响应 \times 1/s^2$$

【例 7-3】 已知某系统的传递函数如下，求此系统的斜坡响应和加速度响应。

$$G(s) = \frac{1}{s^2 + 3s + 1}$$

程序代码：

```
G1 = tf(1,[1 3 1 0]);      % 利用阶跃响应转换为斜坡响应
subplot(121);              % 绘制斜坡响应
step(G1);
title('斜坡响应');
G2 = tf(1,[1 3 1 0 0]);    % 利用阶跃响应转换为加速度响应
subplot(122);              % 绘制加速度响应
step(G2);
title('加速度响应');
```

仿真结果如图 7-5 所示。

在 MATLAB 中，连续系统对任意输入的响应用 lsim() 函数实现，其命令格式如下：

```
lsim(G,U,T)                % 绘制系统 G 的任意响应曲线
[y,t,x] = lsim(G,U,T)      % 得到系统 G 的任意响应数据
```

其中，U 为输入序列，每列对应一个输入；参数 T、t、x 都可省略。

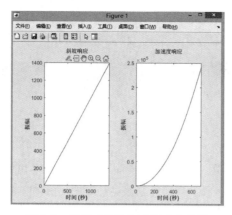

图 7-5　斜坡响应和加速度响应曲线

【例 7-4】　已知某系统传递函数如下,求此系统在正弦信号 $\sin 2t$ 输入下的响应曲线。

$$G(s) = \frac{1}{s^2 + 3s + 1}$$

程序代码:

```
t = 0:0.1:10;
u = sin(2 * t);
G = tf(1,[1 3 1]);
lsim(G,u,t);
title('正弦信号输入响应');
```

仿真结果如图 7-6 所示。

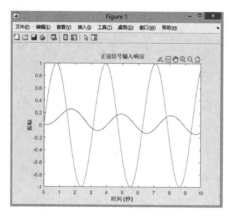

图 7-6　正弦信号输入响应曲线

7.2　标准二阶系统模型及其 MATLAB 描述

以二阶微分方程描述的系统,称为二阶系统。在控制工程中,二阶系统的典型应用极为普遍,如忽略电枢电感后的电动机、RLC 网络和具有质量的物体的运动等。许多高阶系统在一定条件下也可近似为二阶系统。

7.2.1 二阶系统时域分析

二阶系统的微分方程为

$$\frac{d^2 c(t)}{dt^2} + 2\zeta\omega_n \frac{dc(t)}{dt} + \omega_n^2 c(t) = \omega_n^2 r(t) \tag{7-9}$$

式中：ζ 为阻尼比；ω_n 为无阻尼振荡频率或固有频率。在零初始条件下，对式(7-9)两边取拉氏变换，得

$$s^2 C(s) + 2\zeta\omega_n s C(s) + \omega_n^2 C(s) = \omega_n^2 R(s) \tag{7-10}$$

于是，得二阶系统的闭环传递函数为

$$\Phi(s) = \frac{C(s)}{R(s)} = \frac{\omega_n^2}{s^2 + 2\zeta\omega_n s + \omega_n^2} \tag{7-11}$$

在二阶系统中，欠阻尼二阶系统比较常见。由于欠阻尼二阶系统具有一对实部为负的共轭复根，时间响应呈衰减振荡特性，故又称为振荡环节。

当 $0 < \zeta < 1$ 时，二阶系统的特征根为

$$s_{1,2} = -\zeta\omega_n \pm j\omega_n \sqrt{1-\zeta^2}$$

令 $\sigma = \zeta\omega_n$，σ 为特征根的实部的模值，也称衰减系数；$\omega_d = \omega_n \sqrt{1-\zeta^2}$ 称为阻尼振荡角频率。

当输入为单位阶跃信号时

$$C(s) = \Phi(s)R(s) = \frac{\omega_n^2}{s^2 + 2\zeta\omega_n s + \omega_n^2} \cdot \frac{1}{s}$$

$$= \frac{1}{s} - \frac{s + \zeta\omega_n}{(s + \zeta\omega_n)^2 + \omega_d^2} - \frac{\zeta\omega_n}{(s + \zeta\omega_n)^2 + \omega_d^2} \cdot \frac{\omega_n \sqrt{1-\zeta^2}}{\omega_n \sqrt{1-\zeta^2}}$$

$$= \frac{1}{s} - \frac{s + \zeta\omega_n}{(s + \zeta\omega_n)^2 + \omega_d^2} - \frac{\zeta}{(s + \zeta\omega_n)^2 + \omega_d^2} \cdot \frac{\omega_d}{\sqrt{1-\zeta^2}} \tag{7-12}$$

取 $C(s)$ 的拉氏反变换，得欠阻尼二阶系统的单位阶跃响应

$$c(t) = 1 - e^{-\zeta\omega_n t}\left(\cos\omega_d t + \frac{\zeta}{\sqrt{1-\zeta^2}}\sin\omega_d t\right)$$

$$= 1 - \frac{e^{-\zeta\omega_n t}}{\sqrt{1-\zeta^2}}(\sqrt{1-\zeta^2}\cos\omega_d t + \zeta\sin\omega_d t) \tag{7-13}$$

由图 7-7 可得

$$c(t) = 1 - \frac{e^{-\zeta\omega_n t}}{\sqrt{1-\zeta^2}}\sin(\omega_d t + \beta) \tag{7-14}$$

式中：$\beta = \arccos\zeta$ 或 $\beta = \arctan\dfrac{\sqrt{1-\zeta^2}}{\zeta}$。

【例 7-5】 已知系统的闭环传递函数如下，试求其单位阶跃响应曲线。

$$G(s) = \frac{1}{s^2 + 0.4s + 1}$$

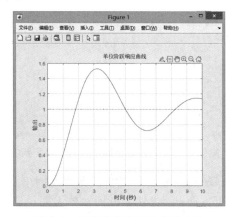

图 7-7 直角三角形

程序代码：

```
>> num = [1];
>> den = [1 0.4 1];
>> t = [0:0.1:10];
>> step(num,den,t);
>> grid on
>> xlabel('时间'),ylabel('输出');
>> title('单位阶跃响应曲线');
```

运行结果如图 7-8 所示。

图 7-8 系统的单位阶跃响应曲线

【例 7-6】 已知单位负反馈的开环传递函数如下，试求该系统的单位阶跃响应曲线。

$$G(s) = \frac{0.2s + 1}{s(s + 0.4)}$$

程序代码：

```
>> num = [0.2 1];
>> den = [1 0.4 0];
>> G = tf(num,den);
>> G0 = feedback(G,1)

G0 =

    0.2 s + 1
  ---------------
  s^2 + 0.6 s + 1
```

Continuous－time transfer function.

```
>> subplot(1,1,1);
>> step(G0);                  % 方法 1:直接得到系统单位阶跃响应曲线
>> title('直接得到系统单位阶跃响应曲线');
>> [y,t] = step(G0);          % 返回系统单位阶跃响应曲线的参数
>> subplot(1,2,2);
>> plot(t,y);                 % 方法 2:由 plot 函数绘制单位阶跃响应曲线
>> title('由 plot 函数绘制单位阶跃响应曲线');
>> grid on
>> xlabel('time(sec) '),ylabel('Amplitude')
```

直接得到和由 plot 函数绘制的单位阶跃响应如图 7-9 所示。

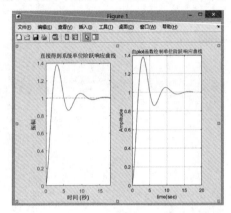

图 7-9　直接得到和由 plot 函数绘制的单位阶跃响应曲线

方法 1 不返回参数而直接绘制,方法 2 返回了参数并调用其他函数绘制曲线。如果不关心返回数据,则用方法 1 更方便;而方法 2 返回参数为进一步的分析提供了方便。

在 MATLAB 中,提供了 dcgain()函数计算系统的增益,其调用格式为

```
k = dcgain(G)                 % 计算传递函数 G 的稳态增益
k = dcgain(num,den)           % num、den 分别为系统传递函数的分子与分母系数
```

【例 7-7】 已知单位负反馈系统的开环传递函数如下,试求单位阶跃输入下的稳态误差。

$$G(s) = \frac{10}{(0.1s+1)(0.5s+1)}$$

程序代码:

```
>> clear all;
>> s = tf('s');               % 将 s 以及由 s 构成的传递函数 G(s)变成了 tf 类型
>> G = 10/(0.1 * s + 1)/(0.5 * s + 1);    % 开环传递函数
>> Gc = feedback(G,1)         % 闭环传递函数
Gc =
```

```
                10
   -----------------
    0.05 s^2 + 0.6 s + 11
Continuous - time transfer function.
>> step(Gc)                              % 系统阶跃响应曲线
ess = 1 - dcgain(Gc)                     % 得到稳态误差
ess =
    0.0909
```

运行结果如图 7-10 所示。

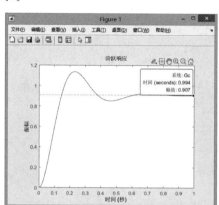

图 7-10　单位阶跃输入下的稳态误差

在控制系统的时域分析中,常常需要求解响应指标,如稳态误差 e_{ss}、超调量 $\sigma\%$、上升时间 t_r、峰值时间 t_p、调节时间 t_s 和输出稳态值 $y(\infty)$。如下所述共有两种方式可以观测和精确求出相关指标。

1. 移动鼠标法

在程序运行完毕得到阶跃响应曲线后,用鼠标单击时域响应曲线上的任意一点,系统会自动跳出一个小方框,小方框显示了该点的横坐标(时间)和纵坐标(幅值)。按住鼠标左键在曲线上移动,可找到曲线幅值最大的一点,即曲线的最大峰值,此时小方框显示的时间就是此二阶系统的峰值时间,根据观测到的稳态值和峰值可计算出系统的超调量。系统的上升时间和稳态响应时间可以此类推。

注:该方法不适用于 plot 函数画出的图形。

2. 用编程方式求取时域响应的各项性能指标

通过 7.1.2 节的学习,我们已经可以用阶跃响应函数 step 获得系统的输出量,若将输出量返回到变量 y 中,可调用如下命令格式:

```
[y,t] = step(G)
```

对返回的这一对 y 和 t 变量的值进行计算,可得到时域性能指标。

1）稳态误差（e_{ss}）

稳态误差是系统稳定误差的终值，即

$$e_{ss} = \lim_{t \to \infty} e(t)$$

一般使用位置误差系数 K_p、速度误差系数 K_v 和加速度误差系数 K_a 计算稳态误差。其中，

$$K_p = \lim_{s \to 0} G(s), \quad K_v = \lim_{s \to 0} s G(s), \quad K_a = \lim_{s \to 0} s^2 G(s)$$

可利用 MATLAB 提供的 limit 函数来计算稳态误差，也可利用例 7-7 的方法求取稳态误差。

2）峰值时间（t_p）

峰值时间可由以下命令获得：

```
[ymax,k] = max(y);      % 利用最大值函数 max 求出 y 的峰值及相应的时间,并存于变量 ymax 和 k 中
tp = t(k)               % 在变量 k 中取出峰值时间,并将它赋给变量 tp
```

3）超调量（$\sigma\%$）

最大（百分比）超调量可由以下命令获得：

```
css = dcgain(G);
[ymax,k] = max(y);
Mp = 100 * (ymax - css)/css
```

其中，dcgain 函数用于求取系统的终值，将终值赋给变量 css，然后依据超调量的定义，由 ymax 和 css 计算出百分比超调量（Mp）。

4）上升时间（t_r）

上升时间可利用 MATLAB 中的循环控制语句获得：

```
css = dcgain(G);
n = 1;
while y(n) < css
n = n + 1;
end
tr = t(n)
```

在阶跃输入条件下，y 的值由零逐渐增大，当以上循环满足 y=css 时，退出循环，此时对应的时刻即为上升时间。

对于输出无超调的系统响应，上升时间定义为输出从稳态值的 10% 上升到 90% 所需的时间，相关计算程序如下：

```
css = dcgain(G);
n = 1;
while y(n) < 0.1 * css
n = n + 1;
end
m = 1;
while y(m) < 0.9 * css
```

```
m = m + 1;
end
tr = t(m) - t(n)
```

5）调节时间（t_s）

调节时间可由以下编程语句得到：

```
css = dcgain(G);
i = length(t);          %用矢量长度函数 length 可求得 t 序列的长度,将其设定为变量 i 的上限值
while (y(i)> 0.98 * css)& (y(i)< 1.02 * css)
i = i - 1;
end
ts = t(i)
```

【例 7-8】 已知系统的传递函数如下,根据系统传递函数画出阶跃响应曲线,并求取稳态值、最大值和达到最大值的时间。

$$G(s) = \frac{100}{s^2 + 3s + 100}$$

程序代码：

```
>> num = [100];
>> den = [1 3 100];
>> G = tf(num,den);
>> step(G)
```

运行结果如图 7-11 所示。用鼠标单击最高点和到达稳态点（稳态误差＝2％）,可得 $css = 1, y_{max} = 1.62, t_p = 0.312$,也可以得到超调量 $\sigma\% = \frac{1.62 - 1}{1} \times 100\% = 62\%$,稳态时间 $t_s = 2.58s$（稳态误差＝2％）。

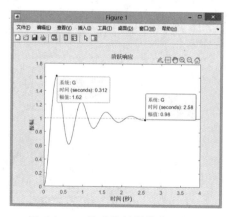

图 7-11 二阶系统的单位阶跃曲线

【例 7-9】 已知系统的传递函数如下,试求其单位阶跃响应曲线及其性能指标（最大峰值时间、上升时间、超调量和调节时间）。

$$G(s) = \frac{3}{(s+1+3i)(s+1-3i)}$$

程序代码：

```
G = zpk([],[ - 1 + 3i, - 1 - 3i],3);
    css = dcgain(G);
    [y,t] = step(G);
    plot(t,y)
    grid
    [ymax,k] = max(y);
    tp = t(k)                    % 计算最大峰值时间
    Mp = 100 * (ymax - css)/css;  % 计算对应的超调量
    n = 1;
    while y(n)< css
    n = n + 1;
    end
    tr = t(n)                    % 计算上升时间
    i = length(t);
    while (y(i)> 0.98 * css)& (y(i)< 1.02 * css)
    i = i - 1;
    end
    ts = t(i)                    % 计算调节时间
```

命令行窗口中显示的结果如下：

```
tp = 1.0592
tr =  0.6447
ts = 3.4999
Mp = 35.0670
```

运行后的响应结果如图 7-12 所示 。

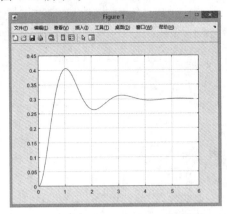

图 7-12　单位阶跃曲线

【例 7-10】　已知二阶系统的闭环传递函数如下，绘制其阶跃响应曲线，使用图形法计算稳态增益、峰值时间、上升时间、超调量和稳态误差在 2％时的稳态时间。

$$G(s) = \frac{384.16}{s^2 + 17.84s + 384.16}$$

程序代码：

```
G = tf(384.16,[1,17.84,384.16]);
css = dcgain(G);                              % css 为稳态增益值
[y,t] = step(G);                              % y 为阶跃响应曲线幅值,t 为采样时间
[ymax,k] = max(y);                            % ymax 为峰值,k 为峰值时间点
tp = t(k);                                    % 取峰值时间
Mp = 100 * (ymax - css)/css;                  % 计算超调量
    n = 1;
    while y(n)< css
    n = n + 1;
    end
tr = t(n);                                    % 计算上升时间
    i = length(t);
    while (y(i)> 0.98 * css)&(y(i)< 1.02 * css)  % 稳态误差 2%,计算稳态区间图形点
    i = i - 1;
    end
ts = t(i);                                    % 计算稳态时间
disp(['稳态值:css = ',num2str(css)])
disp(['峰值时间:tp = ',num2str(tp)])
disp(['上升时间:tr = ',num2str(tr)])
disp(['超调量:Mp = ',num2str(Mp),'%'])
disp(['稳态时间:ts',num2str(ts)])
step(G)
```

命令行窗口显示：

```
稳态值:css = 1
峰值时间:tp = 0.1807
上升时间:tr = 0.11874
超调量:Mp = 20.0738 %
稳态时间:ts = 0.42335
```

二阶系统阶跃响应曲线如图 7-13 所示。

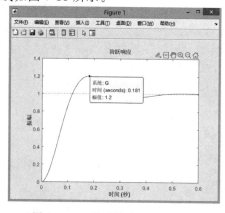

图 7-13　二阶系统阶跃响应曲线

【例 7-11】 已知二阶系统的传递函数如下,试求该系统的阻尼系数和固有频率,并计算其各项性能指标。

$$G(s) = \frac{16}{s^2 + 5s + 16}$$

程序代码:

```
G = tf(16,[1 5 16]);
[w z] = damp(G);                              % w 为阻尼系数,z 为固有频率
wn = w(1)
zeta = z(1)
Mp = exp( - pi * zeta/sqrt(1 - zeta^2)) * 100  % 计算超调量
tr = (pi - acos(zeta))/(wn * sqrt(1 - zeta^2)) % 计算上升时间
tp = pi/(wn * sqrt(1 - zeta^2))                % 计算峰值时间
ts = 3/(zeta * wn)                             % 计算稳态时间
```

运行结果:

```
zeta =    0.6250
Mp =      8.0840
tr =      0.7193
tp =      1.0061
ts =      1.2000
```

程序分析:

由 damp 函数获取的阻尼系数和固有频率都是向量。如果已知性能指标,可以使用解方程的方法计算阻尼系数和固有频率。

7.2.2 二阶系统特征参数对时域响应性能的影响

二阶系统的响应性能主要由阻尼比 ζ 和无阻尼振荡频率 ω_n 决定,下面举例说明。

【例 7-12】 已知二阶系统标准传递函数形式如下,试画出在不同 ζ 和 ω_n 时二阶系统阶跃响应曲线。

$$\frac{C(s)}{R(s)} = \frac{\omega_n^2}{s^2 + 2\zeta\omega_n s + \omega_n^2}$$

(1) 当 ω_n 为 1 时,分析在无阻尼($\zeta = 0$)、欠阻尼($0 < \zeta < 1$,此时 $\zeta = 0.25$)、临界阻尼($\zeta = 1$)和过阻尼($\zeta = 2$)状态下对二阶系统性能的影响。

程序命令:

```
>> num = 1;den1 = [1 0 1];den2 = [1 0.5 1];
>> den3 = [1 2 1];den4 = [1 4 1];
>> t = 0:0.1:10;                              % 横坐标的线性空间
>> G1 = tf(num,den1);G2 = tf(num,den2);G3 = tf(num,den3);G4 = tf(num,den4);
>> step(G1,t);hold on;                        % 保持曲线
>> text(2.6,1.8, '无阻尼');                    % 标注曲线
```

```
>> step(G2,t);hold on;
>> text(2.6,1.3, '欠阻尼');
>> step(G3,t);hold on;
>> text(2.9,0.7, '临界阻尼');
>> step(G4,t);hold on;
>> text(3,0.4, '过阻尼');
```

阻尼比变化的单位阶跃响应曲线如图 7-14 所示。

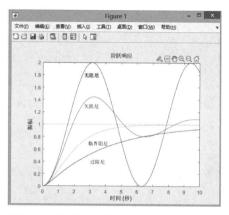

图 7-14　阻尼比变化的单位阶跃响应曲线

结论：当 ω_n 不变时,阻尼比 ζ 越大,超调量越小,系统达到稳定的时间越长,且当处于临界阻尼状态时,超调量为零。

（2）在欠阻尼（$\zeta = 0.25$）情况下,分析 ω_n 分别取 1、2、3 时对二阶系统性能的影响。

程序命令：

```
>> t = [0:0.1:10];
>> num1 = 1;den1 = [1,0.5,1];
>> num2 = 4;den2 = [1,2,4];
>> num3 = 9;den3 = [1,1.5,9];
>> G1 = tf(num1,den1);
>> G2 = tf(num2,den2);
>> G3 = tf(num3,den3);
>> step(G1,t);hold on;
>> text(5.2,1.1, '频率 = 1');
>> step(G2,t);hold on;
>> text(2,1.15, '频率 = 2');
>> step(G3,t);hold on;
>> text(0.2,1.1, '频率 = 3');
```

频率变化的单位阶跃响应曲线如图 7-15 所示。

结论：当 ω_n 相同时,ζ 越大,响应越快；当 ζ 相同时,ω_n 越大,响应越快。

7.2.3　二阶系统特征参数的获取

线性系统的特征参数决定了系统的时域响应。

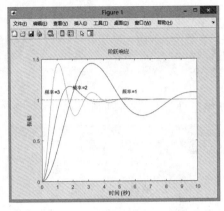

图 7-15　频率变化的单位阶跃响应曲线

1. 系统的零极点

pole 函数和 zero 函数分别用于计算系统模型的极点和零点,命令格式如下:

```
p = pole(G)                          % 获得系统 G 的极点
z = pole(G)                          % 获得系统 G 的零点
[z,gain] = zero(G)                   % 获得系统 G 的零点和增益
```

说明:G 是系统模型且只能是单输入单输出(Single-Input,Single-Output,SISO)系统,可以是传递函数、状态方程、零极点增益形式;当用 pole 函数获取极点时,若有重根,则只计算一次根。

2. 零极点图

pzmap 函数可用于计算系统模型的零极点,并绘制零极点分布图,图中"×"表示极点,"○"表示零点,命令格式如下:

```
pzmap(G)                             % 绘制系统的零极点分布图
[p,z] = pzmap(G)                     % 获得系统的零极点值
```

【例 7-13】　已知系统的传递函数如下,试求系统的零极点值,并绘制其零极点图。

$$G(s) = \frac{10(s+4)}{s^4 + 5s^3 + 6s^2 + 11s + 6}$$

程序代码:

```
num = [10 40];
den = [1 5 6 11 6];
G = tf(num,den);
p = pole(G)                          % 获得极点
[z,gain] = zero(G)                   % 获得零点和增益
pzmap(G);grid                        % 绘制零极点分布图
```

命令行窗口结果显示：

```
p =
  - 4.1043 + 0.0000i
  - 0.1116 + 1.4702i
  - 0.1116 - 1.4702i
  - 0.6725 + 0.0000i
z = - 4
gain = 10
```

显示的零极点分布图如图 7-16 所示。

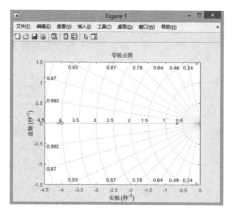

图 7-16　零极点分布图

从图 7-16 中可以看到系统有 4 个极点和 1 个零点。使用 grid 命令可以在零极点图中添加网格，网格是以原点为中心、以阻尼系数 ζ 为刻度绘制的。

3. 特征参数

dmap 函数可以计算系统模型的阻尼系数 ζ、固有频率 ω_n 和极点 p，其命令格式如下：

`[wn, zeta, p] = dmap(G)`　% 获得 G 的阻尼系数、固有频率和极点

说明：p 是极点，与 pole 获得的极点相同但顺序可能不同，p 可以省略。

反过来，MATLAB 也提供了 ord2 函数可以根据阻尼系数 ζ 和固有频率 ω_n，生成连续的二阶系统，其命令格式如下：

`[num, den] = ord2(wn, zeta)`　　　　　　　% 根据 ω_n 和 ζ 生成传递函数
`[A, B, C, D] = ord2(wn, zeta)`　　　　　　% 根据 ω_n 和 ζ 生成状态空间模型

4. 绘制 s 平面网格

sgrid 命令可以产生阻尼系数和固有频率的 s 平面网格，用于在零极点图或根轨迹图中，其命令格式如下：

`sgrid(zeta, wn)`　　　　　　　　　　　　% 绘制 s 平面网格并指定 ζ 和 ω_n

说明：绘制的网格阻尼系数范围是 $0\sim1$，步长为 0.1，固有频率为 $0\sim10$rad/s，步长为 1rad/s；参数 zeta 和 wn 可以省略。

【例 7-14】 已知系统的传递函数如下，试求系统的阻尼系数和固有频率，并绘制其 s 平面网格。

$$G(s) = \frac{1}{s^2 + 1.414s + 1}$$

程序代码：

```
num = [1];
den = [1 1.414 1];
G = tf(num,den);
[wn,zeta,p] = damp(G)                    % 获取阻尼系数和固有频率
pzmap(G);sgrid(zeta,wn)
```

运行结果：

```
wn =
     1
     1
zeta =
    0.7070
    0.7070
p =
  - 0.7070 + 0.7072i
  - 0.7070 - 0.7072i
```

s 平面的零极点图如图 7-17 所示。

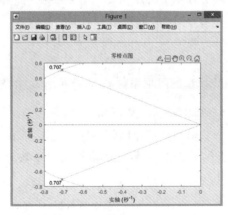

图 7-17　s 平面零极点分布图

可以使用 ord2 函数获得连续二阶系统的分母多项式：

```
>> [num,den] = ord2(wn(1),zeta(1))
num =
     1
den =
    1.0000    1.4140    1.0000
```

7.2.4 高阶系统阶跃响应

在控制工程中,几乎所有的控制系统都是高阶系统,即用高阶微分方程描述的系统。高阶系统其动态性能指标的确定是比较复杂的,可以由以下几种方法进行分析。

1. 直接应用 MATLAB/Simulink 软件进行高阶系统分析

控制系统结构图如图 7-18 所示。

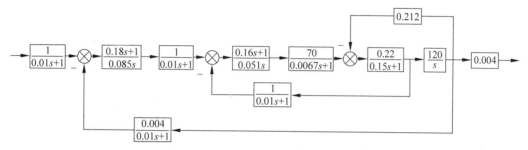

图 7-18　控制系统结构图

在 Simulink 中的仿真模型如图 7-19 所示。

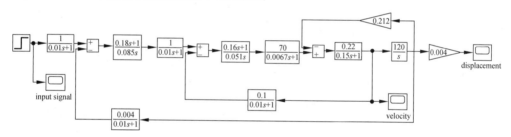

图 7-19　Simulink 的仿真模型

执行结果如图 7-20 所示。

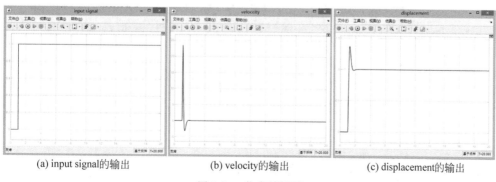

(a) input signal 的输出　　　　(b) velocity 的输出　　　　(c) displacement 的输出

图 7-20　仿真结果图

利用 Simulink 对高阶系统进行分析,仿真结果清晰可见。另外,还可以利用此软件直观分析零极点对消的情况。

零极点对消是指当开环系统传递函数分子与分母中包含公因子时,相应的开环零点和开环极点将出现对消,在这种情况下会出现系统内部不稳定而系统外部稳定的情况,如图 7-21 所示。

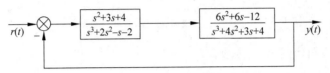

$$图 7\text{-}21 \quad 控制系统结构图$$

因为

$$G_1(s) = \frac{s^2 + 3s + 4}{s^3 + 2s^2 - s - 2}, \quad G_2(s) = \frac{6s^2 + 6s - 12}{s^3 + 4s^2 + 3s + 4}$$

$$G(s) = G_1(s)G_2(s) = \frac{s^2 + 3s + 4}{(s+1)(s-1)(s-2)} \times \frac{6(s-1)(s-2)}{s^3 + 4s^2 + 3s + 4}$$

所以,此系统出现了零极点对消的情况。

绘制其 Simulink 图如图 7-22 所示。

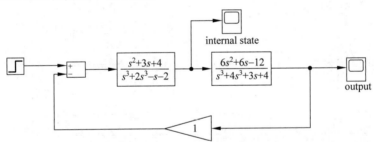

图 7-22　Simulink 的仿真模型

执行后的仿真如图 7-23 所示。

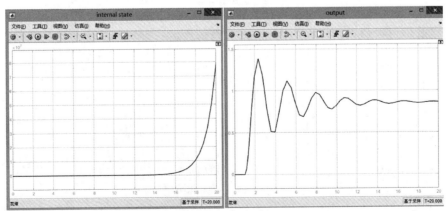

图 7-23　Simulink 的仿真输出曲线

从图 7-23 中可以清楚、直观地看到,系统内部不稳定,而外部稳定。

2. 采用闭环主导极点对高阶系统近似分析

在高阶系统中,凡距虚轴近的闭环极点,指数函数(包括振荡函数的振幅)衰减就慢,而其在动态过程中所占的分量也较大。如果某一极点远离虚轴,则这一极点对应的动态响应分量就小,衰减得也就越快。如果一个极点附近还有闭环零点,则它们的作用将会近似相互抵消。如果把那些对动态响应影响不大的项忽略掉,则高阶系统就可以用一个较低阶的系统来近似描述。

若系统距虚轴最近的闭环极点周围无闭环零点,而其余的闭环极点距虚轴很远,则称这个距虚轴最近的极点为闭环主导极点。高阶系统的性能可以根据这个闭环主导极点近似估算。

【**例 7-15**】 已知具有零点的三阶系统 $G_1(s) = \dfrac{10(s+1)}{(s+5)[s-(-1+j)][s-(-1-j)]}$,使用闭环主导极点的概念,在同一坐标下,绘制出它的近似二阶系统 $G_2(s) = \dfrac{2(s+1)}{[s-(-1+j)][s-(-1-j)]}$,并分析对比它们的性能。

程序代码:

```
sys1 = zpk([-1],[-5 -1+j -1-j],10);
sys2 = zpk([-1],[-1+j -1-j],2);
step(sys1, '-',sys2, ':')
legend('sys1', 'sys2')
```

仿真结果如图 7-24 所示。

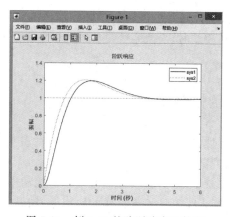

图 7-24　例 7-15 的阶跃响应比较图

从图 7-24 中可以看出,用近似方法得到的系统和原系统的性能指标的数值都很接近,这说明当系统存在闭环主导极点时,高阶系统可降阶为低阶系统进行分析,其结果不会带来太大的误差。

【例 7-16】 已知具有零点的三阶系统 $G_1(s) = \dfrac{10(s+1)}{(s+1.06)(s+4+j)(s+4-j)}$，使用闭

环主导极点的概念，在同一坐标下，绘制出它的近似二阶系统 $G_2(s) = \dfrac{10/1.06}{(s+4+j)(s+4-j)}$，

并分析对比它们的性能。

程序代码：

```
sys1 = zpk([-1],[-1.06 -4+j -4-j],10);
sys2 = tf([10/1.06],[1 8 17]);
step(sys1, '-',sys2, ': ')
legend('sys1', 'sys2')
```

仿真结果如图 7-25 所示。

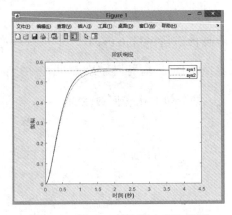

图 7-25　例 7-16 的阶跃响应比较图

从图 7-25 中可以看出，用近似方法得到的系统和原系统的性能指标的数值都很接近，这说明当系统存在闭环主导极点时，高阶系统可降阶为低阶系统进行分析，其结果不会带来太大的误差。

7.3　高阶系统的稳定性分析

稳定是控制系统的重要性能，也是系统能够正常运行的首要条件。控制系统在实际运行过程中，总会受到外界和内部一些因素的扰动，例如负载和能源的波动、系统参数的变化、环境条件的改变等。如果系统不稳定，就会在任何微小的扰动作用下偏离原来的平衡状态，并随时间的推移而发散，实际上是不能正常工作的。因而，如何分析系统的稳定性并提出保证系统稳定的措施，是自动控制理论的基本任务之一。

7.3.1　特征方程的根对稳定性的影响

在自动控制的稳定性分析中，若能够求出闭环系统的特征方程，即可判定系统的稳定

性。若特征方程的所有特征根实部都小于零,则系统是稳定的;只要有一个特征根的实部不小于零,则系统不稳定,即:系统稳定的充要条件是闭环特征方程的特征根都位于 S 平面的左半平面。

【**例 7-17**】 已知闭环系统的特征方程为 $5s^4 + 12s^3 + 7s^2 + 2s + 3 = 0$,判断系统的稳定性。

程序代码:

```
clc;
den = [5 12 7 2 3];
p = roots(den);
if real(p)< 0
disp(['系统是稳定的'])
else
disp(['系统是不稳定的'])
end
```

运行结果:

```
p =
 - 1.3369 + 0.1047i
 - 1.3369 - 0.1047i
   0.1369 + 0.5612i
   0.1369 - 0.5612i
系统是不稳定的
```

7.3.2 使用劳斯判据分析系统稳定性

若系统的特征方程为

$$a_0 s^n + a_1 s^{n-1} + \cdots + a_{n-1}s + a_n = 0$$

系统稳定的必要条件是

$$a_i > 0 \ (i = 0,1,\cdots,n)$$

满足必要条件的一、二阶系统一定稳定,满足必要条件的高阶系统未必稳定,因此高阶系统的稳定性还需要用劳斯判据来判断。

列劳斯表如下:

s^n	a_0	a_2	a_4	a_6	$\cdots$
s^{n-1}	a_1	a_3	a_5	a_7	$\cdots$
s^{n-2}	c_{13}	c_{23}	c_{33}	c_{43}	$\cdots$
s^{n-3}	c_{14}	c_{24}	c_{34}	c_{44}	$\cdots$
$\vdots$	$\vdots$	$\vdots$	$\vdots$	$\vdots$	$\cdots$
s^2	$c_{1,n-1}$	$c_{2,n-1}$			
s^1	$c_{1,n}$				

$$s^0 \quad c_{1,n+1}=a_n$$

表中，$c_{13}=\dfrac{a_1a_2-a_0a_3}{a_1}$ ， $c_{23}=\dfrac{a_1a_4-a_0a_5}{a_1}$ ， $c_{33}=\dfrac{a_1a_6-a_0a_7}{a_1}$ ，…

$c_{14}=\dfrac{c_{13}a_3-a_1c_{23}}{c_{13}}$ ， $c_{24}=\dfrac{c_{13}a_5-a_1c_{33}}{c_{13}}$ ， $c_{34}=\dfrac{c_{13}a_7-a_1c_{43}}{c_{13}}$ ，…

【例 7-18】 已知闭环系统的特征方程 $s^4+2s^3+3s^2+4s+5=0$，判断系统的稳定性。

程序代码：

```
p = [1 2 3 4 5];
p1 = p;
n = length(p);                              % 计算闭环特征方程系数的个数 n
if mod(n,2) == 0                            % 判断 n 是否为偶数
n1 = n/2;                                    % n 为偶数,劳斯阵列的列数为 n/2
else
n1 = (n + 1)/2;                             % n 为奇数,劳斯阵列的列数为(n + 1)/2
p1 = [p1,0];                                % 劳斯阵列左移一位,后面填写 0
end
routh = reshape(p1,2,n1);                   % 列出劳斯阵列前两行
routhtable = zeros(n,n1);                   % 初始化劳斯阵列行和列为零矩阵
routhtable(1:2,:) = routh;                  % 将前两行系数放入劳斯阵列
for i = 3:n                                 % 从第三行开始到 s^0 计算劳斯阵列数值
ai = routhtable(i-2,1)/routhtable(i-1,1);
for j = 1:n1 - 1                            % 计算劳斯阵列所有值
routhtable(i,j) = routhtable(i-2,j+1) - ai * routhtable(i-1,j+1)
end
end
p2 = routhtable(:,1)                        % 输出劳斯阵列的第一列数值
if p2 > 0                                   % 取劳斯阵列的第一列进行判定
disp(['所判系统是稳定的'])
else
disp(['所判系统是不稳定的'])
end
```

运行结果：

```
routhtable = 1     3     5
             2     4     0
             1     5     0
            -6     0     0
             5     0     0
p2 = 1
     2
     1
    -6
     5
所判系统是不稳定的
```

【例 7-19】 已知传递函数如下,试计算其零极点并判定系统的稳定性。

$$G(s) = \frac{5s + 50}{s^4 + 6s^3 + 24s^2 + 40s + 80}$$

程序代码:

```
num = [5 50];
den = [1 6 24 40 80];
G = tf(num,den);
p = pole(G)
if real(p) < 0
disp(['系统稳定']);
else
disp(['系统不稳定']);
end
[z,gain] = tzero(G)
```

运行结果:

```
p =
  − 2.6180 + 2.7601i
  − 2.6180 − 2.7601i
  − 0.3820 + 2.3199i
  − 0.3820 − 2.3199i
系统稳定
z = − 10.0000
gain = 1
```

7.3.3　系统开环增益对稳定性的影响

系统的开环增益增大会使系统的精确性提高,但 K 值取得过大会使系统的稳定性变差,甚至造成系统的不稳定。

【例 7-20】 单位负反馈系统的开环传递函数为

$$G(s) = \frac{K}{s^3 + 12s^2 + 20s}$$

分别令 $K = 44.4$、240、334 时,观察和分析 I 型三阶系统在阶跃信号输入时,闭环系统的稳定情况。

程序代码:

```
num1 = 44.4;num2 = 240;num3 = 334;
den = [1 12 20 0];
G1 = tf(num1,den);
G2 = tf(num2,den);
G3 = tf(num3,den);
G11 = feedback(G1,1);
G22 = feedback(G2,1);
G33 = feedback(G3,1);
```

```
t = [0:0.1:5];
plot(t, step(G11,t), 'b- * ');hold on;
plot(t, step(G22,t), 'b- * ');hold on;
plot(t, step(G11,t), 'b- * ');hold on;
```

取不同 K 值时系统的仿真曲线如图 7-26 所示。当 $K=44.44$ 时,系统是稳定的;当 $K=240$ 时,系统为临界稳定;当 $K=334$ 时,系统变得不稳定。

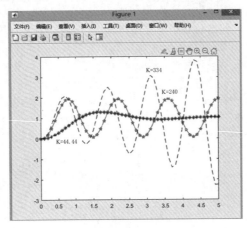

图 7-26　取不同 K 值时系统的仿真曲线

本章习题

1. 已知某系统的传递函数为

$$G(s) = \frac{50(s+3)}{s^3 + 10s^2 + 37s + 78}$$

试用 MATLAB：①求该系统的零点和极点；②绘制该系统的零极点分布图。

2. 试用 MATLAB 实现如下一阶系统的阶跃与脉冲响应。

$$G(s) = \frac{10}{6s+1}$$

3. 已知某二阶系统的传递函数为

$$G(s) = \frac{\omega_n^2}{s^2 + 2\zeta\omega_n s + \omega_n^2}$$

其中,$\omega_n = 8$,$\zeta = 0.7$,试绘制该系统的单位阶跃响应。

4. 试用 MATLAB 实现如下系统的任意输入响应的仿真。

$$G(s) = \frac{5}{s^2 + 3s + 5}$$

5. 试用 MATLAB 判别特征方程 $s^4 + 10s^3 + 33s^2 + 46s + 30 = 0$ 所表示系统的稳定性。

6. 已知控制系统结构图如图 7-27 所示,试用 MATLAB：①求当开环增益 $K=10$ 时,系统的动态性能指标 t_p、t_s、$\sigma\%$；②确定使系统阻尼比 $\zeta=0.707$ 的 K 值。

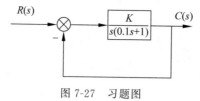

图 7-27　习题图

第8章 MATLAB在控制系统中的根轨迹分析

根轨迹是指系统开环传递函数中某个参数(如开环增益 K)从零变化到无穷时,闭环特征根在复平面上移动的轨迹。根轨迹分析法是一种适合高阶系统分析的方法。它是在已知开环零极点分布的基础上,研究某些参数变化时系统闭环极点的变化规律,从而分析参数变化对系统性能的影响。另外,利用这一方法,还可确定系统应有的结构和参数,也可用于校正装置的综合。根轨迹法直观形象,在控制工程中得到了广泛的应用。根据所满足相角的不同,将根轨迹分为 180° 根轨迹(又称为常规根轨迹)和零度根轨迹。

8.1 根轨迹的绘制与分析

8.1.1 绘制根轨迹的基本法则

典型负反馈系统一般可用图 8-1 所示的结构图描述。

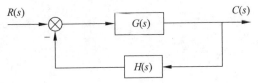

图 8-1 典型负反馈系统结构图

闭环传递函数为

$$\frac{C(s)}{R(s)} = \frac{G(s)}{1 + G(s)H(s)} \tag{8-1}$$

设开环传递函数有 m 个零点、n 个极点,并假设 $n \geqslant m$,则开环传递函数的一般表达式为

$$G(s)H(s) = \frac{K^* \displaystyle\prod_{i=1}^{m}(s - z_i)}{\displaystyle\prod_{i=1}^{n}(s - P_i)} \tag{8-2}$$

式中：z_i 为开环传递函数的零点；p_i 为开环传递函数的极点；K^* 为开环根轨迹增益。

闭环特征方程式为

$$1 + G(s)H(s) = 0 \qquad (8\text{-}3)$$

闭环极点就是闭环特征方程的解，也就是特征根。显然，求开环传递函数中某个参数从零变到无穷时闭环的所有极点，就是求解方程(8-3)，因此它就是根轨迹方程。通常写成

$$G(s)H(s) = -1 \qquad (8\text{-}4)$$

绘制根轨迹的基本法则如下：

（1）根轨迹的分支数。

根轨迹在 s 平面上的分支数等于开环特征方程的阶数 n（假设开环极点的个数大于开环零点的个数），即根轨迹的分支数＝开环极点数＝系统的阶次。

（2）根轨迹对称于实轴。

根轨迹是连续曲线，且对称于实轴。因为特征方程的根是 K^* 的连续函数，所以根轨迹是连续曲线。又因为系统的参数都是实数，所以其特征方程的系数也均为实数，相应的特征根或为实数或为共轭复数，或是两者都有，所以根轨迹一定对称于实轴。

（3）根轨迹的起点和终点。

根轨迹起始于开环的极点，终止于开环的零点。若开环零点数 m 小于开环极点数 n，则有 $n-m$ 条根轨迹趋于无穷远处，或说趋于无限远零点。

（4）实轴上的根轨迹。

在实轴上根轨迹区段的右侧，开环零点和开环极点的个数之和应为奇数。

（5）根轨迹的渐近线。

如果系统的开环极点数 n 大于开环零点数 m，则当开环增益 K^* 从零变到无穷时，将有 $n-m$ 条根轨迹沿着与实轴的夹角为 φ_a、交点为 σ_a 的一组渐近线趋于无穷远处。

渐近线与实轴的夹角为

$$\varphi_a = \frac{(2k+1)\pi}{n-m} \quad k = 0,1,\cdots,n-m-1 \qquad (8\text{-}5)$$

渐近线与实轴的交点为

$$\sigma_a = \frac{\sum\limits_{i=1}^{n} p_i - \sum\limits_{j=1}^{m} z_j}{n-m} \qquad (8\text{-}6)$$

8.1.2 根轨迹的 MATLAB 函数

在 MATLAB 中，rlocus 函数用于绘制根轨迹，其调用格式为

```
rlocus(sys)              % 绘制系统 sys 的根轨迹图
rlocus(sys1,sys2,…)      % 绘制多个系统 sys1,sys2,… 的根轨迹
[r,k] = rlocus(sys)      % 计算根轨迹闭环极点值 r 和对应的增益值 k
r = rlocus(sys,k)        % 计算对应于根轨迹增益值 k 的闭环极点值
```

```
poles = rlocus(num,den,K1)  % 计算增益 K1 对应的根轨迹极点,K1 可以是数组
sgrid(zeta,wn)  % 为根轨迹图添加网格线,等阻尼比范围和等自然频率范围分别由向量 zeta 和 wn 确定
```

说明:

(1) rlocus 函数绘制以 k 为参数的 SISO 系统的轨迹图。

(2) 不带输出变量的调用方式将绘制系统的根轨迹。

(3) 带有输出变量的调用方法将不绘制根轨迹,只计算根轨迹上各个点的值。k 中存放的是根轨迹增益向量;矩阵 r 的列数和增益 k 的长度相同,它的第 n 列元素是对应于增益 k(n)的闭环极点。

(4) 网格线包括等阻尼比线和等自然频率线。向量 zeta 和 wn 可默认。在默认情况下,等阻尼比 zeta 步长为 0.1,范围为 0~1;等自然频率 wn 步长为 1,范围为 0~10。

8.1.3 绘制常规根轨迹

【例 8-1】 已知单位负反馈系统的开环传递函数如下,试绘制系统的根轨迹。

$$G(s) = \frac{K^*}{s(s+2)(s+4)}$$

程序代码:

```
num = 1;
den = [conv([1,0],conv([1,2],[1 4]))];
G = tf(num,den);
rlocus(G);
```

仿真结果如图 8-2 所示。

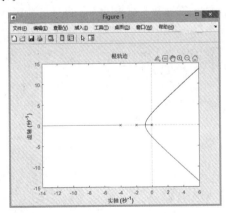

图 8-2 例 8-1 的根轨迹图

【例 8-2】 在 MATLAB 中,使用函数 sgrid 为例 8-1 中的根轨迹添加网格线。

程序代码:

```
num = 1;
den = [conv([1,0],conv([1,2],[1 4]))];
```

```
G = tf(num,den);
rlocus(G);
sgrid;
```

仿真结果如图 8-3 所示。

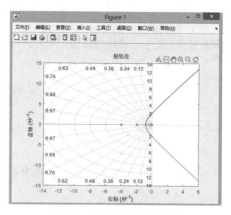

图 8-3   带网格线的根轨迹

【例 8-3】   已知系统的开环传递函数如下,增加零点 $z = -6$ 后,观察根轨迹的变化情况。

$$G(s) = \frac{K^*}{s(s+2)(s+4)}$$

程序代码:

```
z = [-6];
p = [0 -2 -4];
k = 1;
sys = zpk(z,p,k);
rlocus(sys);
```

仿真结果如图 8-4 所示。

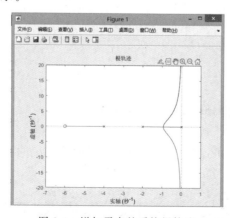

图 8-4   增加零点的系统根轨迹

8.1.4 计算根轨迹增益

利用 rlocfind 函数可以获得根轨迹上给定根的增益和闭环极点,其调用格式如下:

```
[k, poles] = rlocfind(G)      % 求得根轨迹上某点的闭环极点 poles 和增益 k
[k, poles] = rlocfind(G, p)   % 计算给定根 p 对应的增益 k 与极点 poles
```

说明:

(1) 函数 rlocfind 可计算出与根轨迹上极点相对应的根轨迹增益。rlocfind 函数既适用于连续系统,也适用于离散系统。

(2) 函数运行后,在根轨迹图形窗口中显示十字光标,当用户选择根轨迹上某点并单击时,会获得相应的增益和闭环极点。

【例 8-4】 已知开环传递函数如下,试画出其根轨迹,并求取其增益和闭环极点。

$$G(s) = \frac{K^*}{s(s+4)(s-2+4\mathrm{j})(s-2-4\mathrm{j})}$$

程序代码:

```
num = 1;
den = [conv([1,4],conv([1, -2 + 4j],[1 - 2 - 4j])),0];
G = tf(num,den);
rlocus(G);
sgrid(0.7,10);
[k, poles] = rlocfind(G)
```

系统的根轨迹如图 8-5 所示。在图 8-5 上单击选中的根轨迹上的某点可得到如下 4 个闭环根:

```
Select a point in the graphics window
selected_point = -11.5166 + 11.2693i
k = 6.8312e + 04
poles =
   11.3880 + 11.5517i
   11.3880 - 11.5517i
  -11.3880 + 11.3987i
  -11.3880 - 11.3987i
```

8.1.5 利用根轨迹判断分析系统的稳定性

本节将介绍如何使用 MATLAB 绘制根轨迹并判定系统的稳定性。

【例 8-5】 已知一个单位负反馈系统开环传递函数为

$$G(s) = \frac{K^*(s+2)}{s(s+4)(s+5)(s^2+2s+2)}$$

要求:系统闭环的根轨迹增益 K 在 $[30, 40]$ 区间内,判定系统闭环的稳定性。

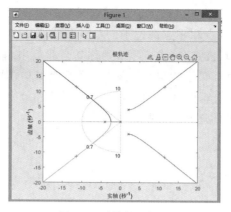

图 8-5　系统的根轨迹

程序代码：

```
num = [1 2];
den = conv(conv(conv([1 0],[1 4]),[1 5]),[1 2 2]);
for K = 30:40
r = rlocus(num,den,K);
if real(r)< 0
disp(['K = ',num2str(K), '系统是稳定的']);
else
disp(['K = ',num2str(K), '系统是不稳定的']);
end
end
```

运行结果：

```
K = 30 系统是稳定的
K = 31 系统是稳定的
K = 32 系统是稳定的
K = 33 系统是稳定的
K = 34 系统是稳定的
K = 35 系统是稳定的
K = 36 系统是不稳定的
K = 37 系统是不稳定的
K = 38 系统是不稳定的
K = 39 系统是不稳定的
K = 40 系统是不稳定的
```

8.2　其他形式根轨迹及根轨迹设计

8.2.1　零度根轨迹

正反馈系统的根轨迹方程右侧不是"−1"，而是"+1"，这时根轨迹方程的模值方程不变,而相角方程右侧不再是$(2k+1)\pi$,而是$2k\pi$,这种根轨迹称为零度根轨迹。

如果系统的所有开环极点和零点都位于s左半平面,则称其为最小相位系统;如果系统有位于s右半平面的开环极点和(或)零点,则称其为非最小相位系统。除了前述具有正反馈结构的系统之外,有些非最小相位系统虽然是负反馈结构,但在其开环传递函数的分子或分母多项式中,s的最高次幂的系数为负,使得$G(s)H(s)$为负,系统具有正反馈性质。因此,要用绘制零度根轨迹的规则来绘制根轨迹图。

【例 8-6】 已知单位正反馈系统的开环传递函数如下,试绘制零度根轨迹。

$$G(s) = \frac{K^*(s+2)}{(s+4)(s^2+2s+2)}$$

程序代码:

```
num = [ -1  -2];
den = conv([1 4],[1 2 2]);
G = tf(num,den);
rlocus(G)
```

零度根轨迹如图 8-6 所示。

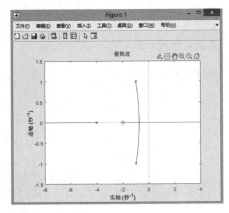

图 8-6　零度根轨迹

8.2.2　参数根轨迹

附加开环零点将引起系统根轨迹的形状发生改变,从而影响闭环系统的性能,因此在系统设计中,常采用附加位置适当的开环零点的方法改善系统的性能。所以,研究开环零点变化时的根轨迹变化,有很大的实际意义。下面以三阶系统为例说明。

设一负反馈系统的开环传递函数为

$$G(s)H(s) = \frac{K^*(s-z_1)}{s(s^2+2s+2)} \tag{8-7}$$

式中:K^*为开环根轨迹增益,这里是已知的;z_1为开环零点,是未知的。

现在要研究当 $z_1 = 0 \to -\infty$ 时的,系统的闭环根轨迹变化情况。不管是 K^* 变化还是 z_1 变化,系统的闭环特征方程都是不变的。下面从特征方程相同出发,引入等效开环传递函数的概念。

式(8-7)所对应的闭环特征方程为

$$D(s) = s(s^2 + 2s + 2) + K^*(s - z_1) = 0 \tag{8-8}$$

$$D(s) = s(s^2 + 2s + 2) + K^*s - K^*z_1 = 0 \tag{8-9}$$

对式(8-9)进行等效变换,可得

$$\frac{-K^*z_1}{s(s^2 + 2s + 2) + K^*s} + 1 = 0 \tag{8-10}$$

令

$$G_1(s)H_1(s) = \frac{-K^*z_1}{s(s^2 + 2s + 2) + K^*s} \tag{8-11}$$

式(8-11)就是式(8-7)所描述系统的等效开环传递函数。两系统具有相同的闭环特征方程,但具有不同的闭环传递函数,即闭环极点相同,而零点不一定相同。一般情况下的闭环系统特征方程为

$$G(s)H(s) + 1 = 0$$

对其进行等效变换,写成如下形式

$$A\frac{P(s)}{Q(s)} + 1 = 0 \tag{8-12}$$

式中:A 为系统除 K^* 以外的任意变化的参数,如开环零点、开环极点等;$P(s)$ 和 $Q(s)$ 为与 A 无关的首项系数为1的多项式;$A\dfrac{P(s)}{Q(s)}$ 为等效开环传递函数,即

$$G_1(s)H_1(s) = A\frac{P(s)}{Q(s)} \tag{8-13}$$

显然,利用式(8-13)就可以画出关于零点变化时的根轨迹,即广义根轨迹。

【例8-7】 已知负反馈系统的开环传递函数为

$$G(s)H(s) = \frac{10(1 + K_t s)}{s(s+2)}$$

试绘制 K_t 从 $0 \to \infty$ 变化时的闭环根轨迹。

解:闭环特征方程为

$$D(s) = s^2 + (2 + 10K_t)s + 10 = 0$$

以特征方程中不含 K_t 的项除方程式各项,得

$$1 + \frac{10K_t s}{s^2 + 2s + 10} = 0$$

等效开环传递函数为

$$G_1(s)H_1(s) = \frac{10K_t s}{s^2 + 2s + 10} = \frac{K's}{(s+1+j3)(s+1-j3)}$$

程序代码：

```
num = [1 0];
den = conv([1 1+3j],[1,1-3j]);
G = tf(num,den);
rlocus(G)
```

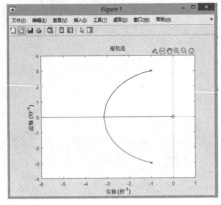

图 8-7　零点变化时的根轨迹

仿真结果如图 8-7 所示。

【例 8-8】　某单位负反馈系统的开环传递函数为

$$G(s)H(s) = \frac{1}{s(bs+1)(4s+1)}$$

试绘制 b 从 $0 \to \infty$ 变化时的根轨迹图。

解：系统的特征方程式为

$$s(bs+1)(4s+1) + 1 = 0$$

整理得

$$bs^2(4s+1) + s(4s+1) + 1 = 0$$

得等效开环传递函数为

$$G_1(s)H_1(s) = \frac{bs^2(4s+1)}{4s^2 + s + 1}$$

为了便于绘制根轨迹，将等效开环传递函数化为零极点形式为

$$G_1(s)H_1(s) = \frac{bs^2(s+0.25)}{s^2 + 0.25s + 0.25}$$

程序代码：

```
num = [conv([1 0.25],[1,0]),0];
den = [1 0.25 0.25];
G = tf(num,den);
rlocus(G)
```

仿真结果如图 8-8 所示。

8.2.3　根轨迹设计工具

MATLAB 控制工具箱的根轨迹设计器是一个分析根轨迹的图形界面，使用 rltool 函数可以打开根轨迹设计器，其调用格式如下：

```
rltool(G)                    % 打开系统 G 的根轨迹设计器
```

其中，G 是系统开环模型，该参数可省略。当该参数省略时，打开的是空白的根轨迹设计器。

【例 8-9】　续例 8-8，打开该传递函数的根轨迹设计器。

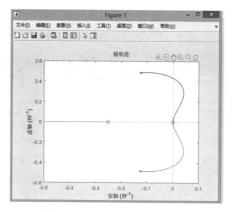

图 8-8　极点变化时的根轨迹

在 MATLAB 命令行窗口输入：

```
rltool(G);
```

弹出如图 8-9 所示的根轨迹设计器窗口。

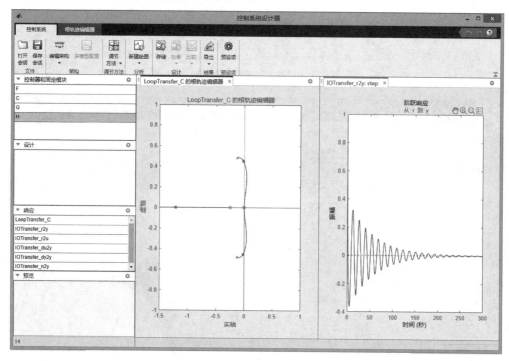

图 8-9　根轨迹设计器窗口

在根轨迹设计器窗口中，可以用鼠标拖动各零极点运动，查看零极点位置改变时根轨迹的变化，在坐标轴下面显示了鼠标所在位置的零极点值。

可以使用工具栏中的相关按钮添加或删除零极点。例如，在例 8-9 中添加一对共轭极点,可得到如图 8-10 所示的根轨迹;在例中添加一对共轭零点,可得如图 8-11 所示的根轨迹。

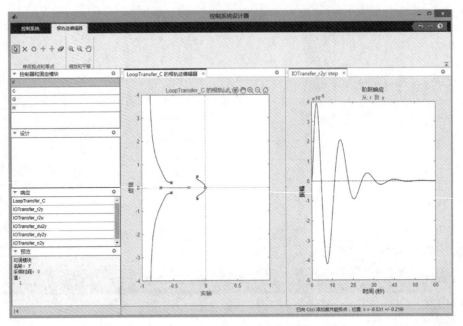

图 8-10　添加一对共轭极点得到的根轨迹

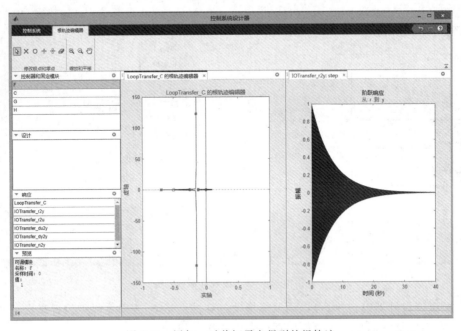

图 8-11　添加一对共轭零点得到的根轨迹

本章习题

1. 已知系统的开环传递函数模型为

$$G(s) = \frac{K}{s(0.05s+1)(0.3s+1)}$$

试绘制根轨迹图,确定使系统产生重实根和重虚根的开环增益 K。

2. 已知系统的开环传递函数模型为

$$G(s) = \frac{K}{s(s+0.8)}$$

试实现以下设计:

(1) 绘制系统的根轨迹图。

(2) 增加系统开环极点 $p = -3$,绘制系统根轨迹图,观察开环零点对闭环系统的影响。

(3) 增加系统开环零点 $z = -2$,绘制系统根轨迹图,观察开环极点对闭环系统的影响。

(4) 绘制原系统、增加了开环零点的系统和增加了开环极点的系统的阶跃响应曲线。

3. 已知单位反馈控制系统的开环传递函数为

$$G(s) = \frac{K}{s(s+2)}$$

试绘制系统的根轨迹,观察当 $\zeta = 0.707$ 时的 K 值,并绘制当 $\zeta = 0.707$ 时的系统单位阶跃响应曲线。

4. 已知系统的开环传递函数为

$$G(s) = \frac{1.06}{s(s+1)(s+2)}$$

增加串联校正装置 $\frac{s+0.1}{10(s+0.01)}$,为系统增加偶极子,试观察偶极子对系统根轨迹的影响。

5. 已知单位反馈控制系统的开环传递函数为

$$G(s) = \frac{K(s+2)}{s(s+4)(s+8)(s^2+2s+5)}$$

试绘制两种情形的根轨迹图:①负反馈控制系统的根轨迹图;②正反馈控制系统的根轨迹图。

第9章 MATLAB在控制系统中的频域分析

与根轨迹分析法一样,频域分析法也是为简化线性定常系统性能分析和设计而提出的重要方法之一。频域分析法利用系统对正弦输入信号的稳态响应来分析系统的性能,但分析得到的结论同样具有普遍的意义,并非仅限于正弦输入的情形。这是因为通常系统的输入都可以表示为不同角频率正弦信号的加权和。

9.1 频域分析相关知识点回顾

频率响应:稳定的线性定常系统在正弦输入作用下的稳态响应。

幅频特性:在正弦信号作用下,稳态输出与输入的振幅比随 ω 的变化关系,用 $A(\omega)$ 表示。它描述系统对不同频率输入信号在稳态时的放大特性。

$$A(\omega) = \frac{A_c}{A_r} = |\Phi(j\omega)| \tag{9-1}$$

相频特性:稳态输出与输入的相位差,用 $\varphi(\omega)$ 表示。它描述系统的稳态响应对不同频率输入信号的相位移特性。

$$\varphi(\omega) = \angle\Phi(j\omega) \tag{9-2}$$

频率特性:幅频特性 $A(\omega)$ 和相频特性 $\varphi(\omega)$ 统称为幅相频率特性或幅相特性或频率特性。

$$A(\omega)e^{j\varphi(\omega)} = |\Phi(j\omega)|e^{j\angle\Phi(j\omega)} = \Phi(j\omega) \tag{9-3}$$

频率特性与传递函数之间有着确切的对应关系,即

$$\Phi(j\omega) = \Phi(s)|_{s=j\omega} = |\Phi(j\omega)|e^{j\angle\Phi(j\omega)} \tag{9-4}$$

频率特性 $\Phi(j\omega)$ 还可以写成复数形式,即

$$\Phi(j\omega) = A(\omega)e^{j\varphi(\omega)} = P(\omega) + jQ(\omega)$$

式中:$P(\omega) = \mathrm{Re}[\Phi(j\omega)] = A(\omega)\cos\varphi(\omega)$ 称为系统的实频特性;$Q(\omega) = \mathrm{Im}[\Phi(j\omega)] = A(\omega)\sin\varphi(\omega)$ 称为系统的虚频特性。

奈奎斯特曲线:以频率 ω 为参变量,将幅频特性与相频特性同时表示在复平面上,也称奈奎斯特(Nyquist)图或极坐标图(polar plot)。坐

标系为极坐标,实轴正方向为相角的零度线,逆时针方向转过的角度为正,顺时针方向转过的角度为负,参变量 ω 由零变化到无穷。

对数频率特性曲线:又称伯德(Bode)图,包括对数幅频和对数相频两条曲线,是频域法中应用最广泛的一种表示方法。伯德图是在半对数坐标系上绘制出来的。对数幅频特性曲线的纵坐标是幅频 $A(\omega)$ 取以 10 为底的对数后再乘以 20 的值,用 $L(\omega)$ 表示,即 $L(\omega) = 20\lg A(\omega)$,单位为分贝(dB),采用线性刻度;横坐标为角频率 ω,按对数 $\lg\omega$ 取刻度,但标注的值是真数 ω。对数相频特性曲线的纵坐标是相频特性 $\varphi(\omega)$ 的值,单位为"度"或"弧度",是线性刻度;横坐标与对数幅频特性曲线的横坐标相同。

开环对数幅频 $L(\omega_c) = 0$ 或开环幅频 $A(\omega_c) = 1$ 时的频率 ω_c,称为开环截止频率。$\varphi(\omega_x) = -180°$ 时的频率 ω_x,称为穿越频率。在画 Bode 图时,两条渐近线(一般是指低频段和高频段)相交点的频率为转折频率,又称交接频率。

奈氏判据:闭环系统稳定的充分必要条件是,当 ω 从 $0 \rightarrow +\infty$ 变化时,开环幅相特性 $G(j\omega)$ 曲线绕 $(-1, j0)$ 点逆时针转过 N 圈,

$$P = 2N \tag{9-5}$$

式中:P 为位于右半 s 平面的开环极点数。

频率稳定判据:闭环系统稳定的充分必要条件是,在开环对数幅频 $L(\omega) > 0\text{dB}$ 的频率范围内,对应的开环对数相频特性曲线 $\varphi(\omega)$ 对 $-\pi$ 线的正、负穿越之差 N 等于 $P/2$,即

$$N = N_+ - N_- = \frac{P}{2} \tag{9-6}$$

式中:P 表示开环不稳定极点的个数。

正穿越:在 $L(\omega) > 0\text{dB}$ 的频率范围内,其相频特性曲线由下向上穿越 $-\pi$ 线一次,称为一次正穿越,对于相频特性曲线从 $-\pi$ 线开始向上的情况,称为半次正穿越,用 N_+ 表示正穿越的次数。

负穿越:在 $L(\omega) > 0\text{dB}$ 的频率范围内,其相频特性曲线由上向下穿越 $-\pi$ 线一次,称为一次负穿越,对于相频特性曲线从 $-\pi$ 线开始向下的情况,称为半次负穿越,用 N_- 表示负穿越的次数。

相稳定裕度:当开环幅相特性的幅值等于 1 时,即 $A(\omega_c) = 1$ 或 $L(\omega_c) = 0$,所对应的相频特性 $\varphi(\omega_c)$ 与负实轴的夹角,称为相稳定裕度,又称相角裕度(或相位裕度),常用希腊字母 γ 表示。

开环幅相特性曲线 $G(j\omega)$ 与单位圆相交,交点处的频率 ω_c 称为开环截止频率,此时 $A(\omega_c) = 1$,见图 9-1。按相稳定裕度的定义则有

$$\gamma = 180° + \varphi(\omega_c) \tag{9-7}$$

相稳定裕度 γ 的含义是,对于闭环稳定系统,如果系统开环相频特性再滞后 γ 度,则系统处于临界稳定状态。相稳定裕度在伯德图上的表示,如图 9-2 所示。对于最小相位系统,当 $\gamma > 0$ 时,系统稳定。

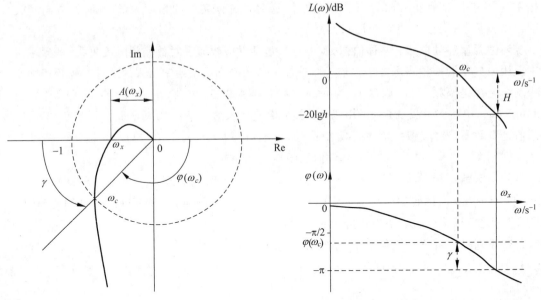

图 9-1　相稳定裕度和模稳定裕度的定义　　图 9-2　相稳定裕度和模稳定裕度在伯德图上的表示

　　模稳定裕度：当开环幅相特性曲线与负实轴相交时（即 $\varphi(\omega_x) = -180°$，$\omega_x$ 称为穿越频率），其穿越频率对应的幅频 $A(\omega_x)$ 的倒数，如图 9-1 所示，称为模稳定裕度，又称幅值裕度，常用 h 表示，即

$$h = \frac{1}{A(\omega_x)} \tag{9-8}$$

　　在对数频率特性曲线上，相当于 $A(\omega_x) = -\pi$ 时，对应的对数幅频的相反数，即

$$H = 20\lg h = -20\lg A(\omega_x) \tag{9-9}$$

其中，H 的分贝值在伯德图中，等于 $L(\omega_x)$ 与 0dB 之间的距离，如图 9-2 所示（0dB 下为正）。对于最小相位系统，$H > 0$，系统稳定。

9.2　频率特性

　　语法规则：

```
Gw = polyval(num,j * w)./polyval(den,j * w)    %计算系统的频率特性
Gw = freqrsesp(G,w)                            %计算系统 G 在 w 处的频率特性
mag = abs(Gw)                                  %幅频特性
pha = angle(Gw)                                %相频特性
```

　　【例 9-1】 已知二阶系统的传递函数为

$$G(s) = \frac{1}{s^2 + 2s + 3}$$

求在 $\omega=1$ 时,系统的频率特性、幅频特性和相频特性。

程序代码:

```
num = 1;
den = [1 2 3];
w = 1;
Gw = polyval(num,j * w)./polyval(den,j * w)        % 频率特性
mag = abs(Gw)                                       % 幅频特性
pha = angle(Gw)                                     % 相频特性
```

结果:

```
Gw =      0.2500 − 0.2500i
mag =     0.3536
pha =    − 0.7854
```

【例 9-2】 已知系统的传递函数为

$$G(s)=\frac{3}{4s+1}$$

计算其在 $\omega=1$ 处的幅频特性和相频特性。

程序代码:

```
G = tf(3,[4 1]);
w = 1;
Gw = freqresp(G,w);
mag = abs(Gw)
pha = angle(Gw)
```

结果:

```
mag =     0.7276
pha =    − 1.3258
```

9.3 绘制 Nyquist 图

Nyquist 曲线是幅相频率特性曲线,它是使用图形判断稳定性的方法之一。对于一个连续线性时不变系统,将其频率响应的增益、相位以极坐标的方式绘出,Nyquist 曲线上每一点都对应一个特定频率下的频率响应,该点相对于原点的角度表示相位,而和原点之间的距离表示增益。

9.3.1 Nyquist 图的绘制规则

在 MATLAB 中,提供了 nyquist 函数用于绘制连续系统的 Nyquist 曲线。nyquist 函数的调用格式为

```
nyquist(G)                          % 在当前窗口绘制系统模型 G 的 Nyquist 曲线
```

```
nyquist (G1,G2, …,w)                    % 绘制多条 Nyquist 曲线
[re,im] = nyquist (G, w)                 % 求 w 处的实部和虚部
[re,im,w] = nyquist (G)                  % 求出实部、虚部和频率
```

说明：G 为系统模型；w 为频率向量，也可以用{ wmin，wmax }表示频率的范围，该参数可以省略；re 为频率特性的实部；im 为频率特性的虚部。

【例 9-3】 已知传递函数如下，试绘制其 Nyquist 图。

$$G(s) = \frac{3}{4s + 1}$$

程序代码：

```
G = tf(3,[4 1]);
nyquist(G)
```

运行结果如图 9-3 所示。

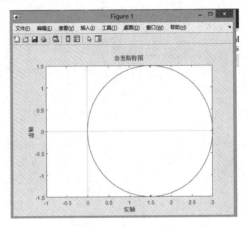

图 9-3　Nyquist 图

9.3.2　Nyquist 图的修饰

【例 9-4】 已知单位负反馈系统的开环传递函数如下，试绘制其 Nyquist 图。

$$G(s) = \frac{5}{(0.2s + 1)(s + 1)^2}$$

程序代码：

```
num = 5;
den = conv(conv([0 1 1],[0.2 1]),[1 1]);
G = tf(num,den)
```

运行结果如图 9-4 所示。

在 Nyquist 图上，可以进行一些属性改变操作。

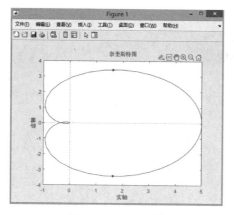

图 9-4　Nyquist 图

1. 添加网格线

使用鼠标右击图中任意一处,选择菜单项 Grid(网格),结果如图 9-5 所示。

2. 只绘制 ω 从 $0 \to +\infty$ 的 Nyquist 图

使用鼠标右击图中任意一处,选择菜单项 Show(显示),去掉勾选项 Negative Frequencies(负频率),结果如图 9-6 所示。

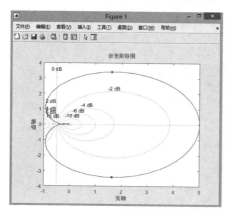

图 9-5　加网格线的 Nyquist 图

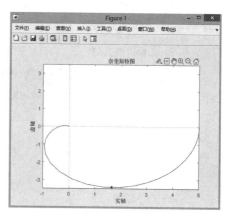

图 9-6　显示正频率的 Nyquist 图

9.4　绘制 Bode 图

Bode 图由对数幅频特性曲线和对数相频特性曲线组成,是工程中广泛使用的一组曲线。两条曲线的横坐标相同,均按照 $\lg\omega$ 分度(单位:rad/s)。对数幅频特性曲线的纵坐标按照 $L(\omega)=20\lg|G(j\omega)|$ 线性分度(单位:dB);对数相频特性曲线的纵坐标按照 $\angle G(j\omega)$

线性分度(单位:度)。

9.4.1　Bode 图的绘制规则

计算并绘制线性定常连续系统的对数频率特性曲线,语法规则如下:

```
bode(G)                      % 绘制传递函数为 G 的 Bode 图
bode(num,den)                % 绘制传递函数 G 的分子 num 和分母 den 的 Bode 图
bode(G1,G2,…)                % 在同一个图形窗口中绘制多个系统 G1,G2… 的 Bode 图
bode(G1,G2,…,w)              % 指定频率范围
[mag,pha,w] = bod(G)         % 得出幅值向量 mag、相角向量 pha 和对应角频率 ω,并画 Bode 图
[mag,pha,w] = bod(G,w)       % 按照角频率 ω 得出幅值向量 mag 和相角向量 pha,并画 Bode 图
```

说明:角频率 ω 的单位为 rad/s,若指定频率范围,可用命令 logspace(n1, n2,k),表示在 $10^{n1} \sim 10^{n2}$ 产生对数均匀分布的 k 个点。

【例 9-5】　已知系统的开环传递函数如下,试绘制其 Bode 图。

$$G(s) = \frac{200(s+1)}{s(s+0.5)(s^2+14s+400)}$$

程序代码:

```
num = [200 200];
den = conv([1 0.5 0],[1 14 400]);
w = logspace( - 2,3,100);
bode(num,den,w)
grid
```

运行结果如图 9-7 所示。

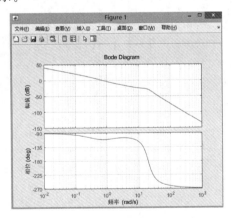

图 9-7　Bode 图

【例 9-6】　已知二阶振荡环节 $G(s) = \dfrac{12}{s^2+8s+12}$,试绘制该环节的伯德图和奈奎斯特图。

程序代码:

```
num = 12;
den = [1 8 12];
G = tf(num,den);
subplot(1,2,1);
bode(G);
grid
subplot(1,2,2);
nyquist(G);
```

运行结果如图 9-8 所示。

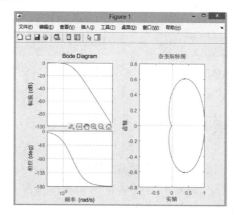

图 9-8 二阶振荡环节的 Bode 图和奈奎斯特图

9.4.2 Bode 图的修饰

在 Bode 图上，可以进行一些属性操作。

1. 曲线上任意一点参数值的确定

用鼠标左击曲线上任意一点，可得到该点的对数幅频（或相频）值及相应的频率值，如图 9-9 所示。

2. 曲线显示属性的设置

用鼠标右击图中任意处，会弹出菜单，在菜单 Show 中可以选取显示或隐藏对数幅频（magnitude-frequency）特性曲线和对数相频（phase-frequency）特性曲线。

3. 添加网格线

用鼠标右击图中任意处，在弹出的菜单中选择 Grid，或者在命令行窗口中加 grid 语句。图 9-10 为添加网格线后只显示对数幅频特性曲线的 Bode 图。

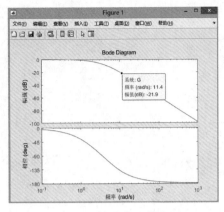

图 9-9　显示参数的伯德图

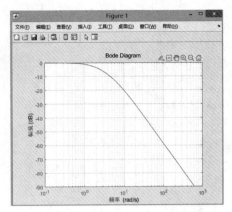

图 9-10　添加网格线后只显示对数幅频特性曲线的 Bode 图

9.5　频域分析性能指标

MATLAB 提供了用于计算系统稳定裕度的函数 margin，它可以根据频率响应数据计算出幅值裕度、相位裕度及对应的频率。幅值裕度和相位裕度是针对开环 SISO 系统而言的，它们反映了系统在闭环时的相对稳定性。

margin 函数的调用格式为

```
margin(G)                    % 根据传递函数 G 绘制 Bode 图
margin(num,den)              % 根据传递函数 G 的分子 num 和分母 den 绘制 Bode 图
[Gm,Pm,Wcg,Wcp] = margin(G)  % 计算 G 的幅值裕度、相位裕度、穿越频率和截止频率
```

说明：G 为传递函数；Gm 为幅值裕度，单位为 dB，当 Gm＞1 时，系统稳定；Pm 为相位裕度，单位为度，当 Pm＞0 时，系统稳定；Wcg 为幅值裕度对应的穿越频率；Wcp 为相位裕量对应的截止频率。如果 Wcg、Wcp 的值为 NaN 或 Inf，则说明 Gm、Pm 数据溢出为无穷大。

特别强调：运行 margin(G)语句，Bode 图中显示的幅值裕度 H 等于取以 10 为底的 [Gm，Pm，Wcg，Wcp] = margin(G)中幅值裕度的对数的 20 倍，即 H＝20lgGm。

【例 9-7】　已知单位负反馈系统的开环传递函数为

$$G(s) = \frac{3.5}{s^3 + 2s^2 + 3s + 2}$$

求系统的幅值裕度和相位裕度，并求其闭环阶跃响应。

程序代码：

```
G = tf(3.5,[1 2 3 2]);
G_close = feedback(G,1);       % 求闭环传递函数
[Gm,Pm,Wcg,Wcp] = margin(G)    % 求开环传递函数的幅值裕度和相位裕度
step(G_close)
grid on;
```

运行程序,输出如下,闭环阶跃响应如图 9-11 所示。

```
Gm  =    1.1433
Pm  =    7.1578
Wcg =    1.7323
Wcp =    1.6542
```

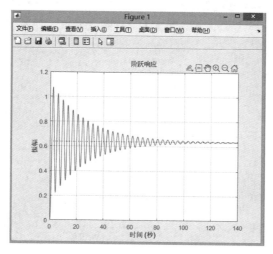

图 9-11   闭环阶跃响应

从运行结果可知,系统的幅值裕度很接近稳定的边界点 1,且相位裕度只有 7.1578°,所以尽管闭环系统稳定,但其性能不会太好(因为相角裕度的值很小,最佳取值 30°~90°)。同时,从图 9-11 可以看出,在闭环系统的响应中有较强的振荡。

【例 9-8】   已知单位负反馈系统的开环传递函数为

$$G(s) = \frac{100(s+5)^2}{(s+1)(s^2+s+9)}$$

求系统的幅值裕度和相位裕度,并求其闭环阶跃响应。
程序代码:

```
G = tf(100 * conv([1 5],[1 5]),conv([1 1],[1 1 9]));
[Gm,Pm,Wcg,Wcp] = margin(G)
G_close = feedback(G,1);
step(G_close)
grid on;
```

运行程序,输出如下,闭环阶跃响应如图 9-12 所示。

```
Gm  =    Inf
Pm  =    85.4365
Wcg =    NaN
Wcp =    100.3285
```

从运行结果可以看出,该系统有无穷大的幅值裕度,且相位裕度高达 85.43659°,所以图 9-12 所示系统的闭环阶跃响应是较理想的。

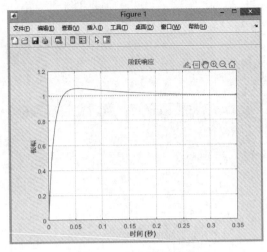

图 9-12　闭环阶跃响应

【例 9-9】 已知单位负反馈系统的开环传递函数为

$$G(s) = \frac{20K}{s^3 + 12s^2 + 20s}$$

试绘制 $K=1$ 时的伯德图，并求出临界稳定增益 K 的值。

解：（1）令 $K=1$，先绘制系统的 Bode 图，求出系统的穿越频率。

（2）求解临界稳定增益 K 值。因为 K 值不影响 Wcg 的变化，因此在 Wcg＝4.47rad/s 情况下，求解临界稳定增益 K 的大小，令其模为 1，即

$$\left| \frac{20K}{(\mathrm{jWcg})^3 + 12(\mathrm{jWcg})^2 + 20\mathrm{jWcg}} \right| = 1$$

程序代码：

```
num = 20;
den = [1 12 20 0];
margin(num,den)
[Gm,Pm,Wcg,Wcp] = margin(num,den)
R = ((j * Wcg)^3 + 12 * (j * Wcg)^2 + 20 * (j * Wcg));   % 分母的角频率表达式
im = imag(R);                                            % 求角频率的虚部
re = real(R);                                            % 求角频率的实部
K = sqrt(im^2 + re^2)/20
```

运行程序，输出如下，带幅值裕量和相位裕量的 Bode 图如图 9-13 所示。

```
Gm =      12
Pm =    60.4231
Wcg =     4.4721
Wcp =     0.9070
K =    12.0000
```

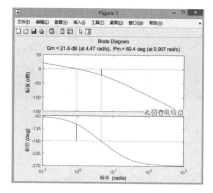

图 9-13　带幅值裕量和相位裕量的 Bode 图

本章习题

1. 已知某控制系统的开环传递函数为

$$G(s) = \frac{K}{s(s+1)(s+2)}$$

当 $K=1.5$ 时,试绘制系统的开环频率特性曲线,并求出系统的幅值裕度与相位裕度。

2. 已知系统开环传递函数为

$$G(s) = \frac{3(s+1)}{(s+08+1.6\text{j})(s+0.8-1.6\text{j})}$$

试绘制系统的 Nyquist 图。

3. 已知一个典型的二阶环节传递函数为

$$G(s) = \frac{\omega_n^2}{s^2 + 2\zeta\omega_n s + \omega_n^2}$$

其中,$\omega_n=0.7$,试分别绘制当 $\zeta=0.1,0.4,1.0,1.6,2.0$ 时的 Bode 图。

4. 已知某系统的开环传递函数为

$$G(s) = \frac{500(0.0167s+1)}{s(0.05s+1)(0.0025s+1)(0.001s+1)}$$

试绘制系统的 Bode 图,求此系统的幅值裕度与相位裕度。

5. 已知二阶系统传递函数为

$$G(s) = \frac{1}{s^2 + 2\zeta s + 1}$$

试分别绘制当 $\zeta=0.4,0.7,1.0,1.3$ 时的 Nyquist 图。

6. 试分别绘制下面两个系统模型的 Bode 图和 Nyquist 图。

(1) $G(s) = \dfrac{10}{s^2(5s-1)(s+5)}$;

(2) $G(s) = \dfrac{8(s+1)}{s^2(s+15)(s^2+6s+10)}$。

第10章 MATLAB在PID控制器中的应用

线性系统可以用微分方程来描述其运动特性,而系统中增加了校正装置后,就相当于改变了描述系统运动过程的微分方程。例如,当采用一个可调增益的放大器(称为比例控制器)作为校正装置时,改变比例控制器的增益,就能改变系统微分方程的系数,于是系统的零极点随之相应变化,从而达到改善系统性能的目的,这就是控制系统校正的实质所在。

在工业设备中,为了改进反馈控制系统的性能,人们经常选择最简单、最通用的比例-积分-微分(PID)控制器作为校正装置。在工业生产控制的发展历程中,PID控制是历史最久、生命力最强的基本控制方式。PID控制具有以下优点:原理简单,使用方便;适应性强,可以广泛应用于机电控制系统,同时也可用于化工、热工、冶金、炼油、造纸、建材等各种生产部门;鲁棒性强,即其控制品质对环境和模型参数的变化不太敏感。虽然PID控制品质对被控对象特性的变化不太敏感,但不可否认PID也有其固有的缺点。PID控制器不能控制复杂过程,无论怎么调参数作用都不大。

在科学技术尤其是计算机迅速发展的今天,虽然涌现出了许多新的控制方法,但PID仍因其自身的优点而得到广泛应用,PID控制规律仍是最普遍的控制规律,PID控制器仍是简单且好用的控制器。

在过程控制中,PID控制也是应用最广泛的,一个大型现代化控制系统的控制回路可能达二三百个,甚至更多,但其中绝大部分都采用PID控制。由此可见,在过程控制中,PID控制的重要性是显然的。

10.1 PID控制器

10.1.1 比例(P)控制器

比例控制器的传递函数为

$$G_c(s) = K_p \tag{10-1}$$

式中：K_p 为比例系数。比例控制器作用于系统(比例控制器通常作为校正装置使用)，其结构如图 10-1 所示。图中，$R(s)$ 是控制系统的输入，$E(s)$ 是误差信号，$G_c(s)$ 是校正装置，$G_0(s)$ 是系统的固有部分，$C(s)$ 是控制系统的输出。

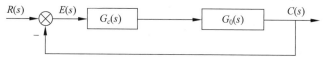

图 10-1 比例控制系统结构图

比例控制器实质上是一个具有可调增益的放大器。在信号变换过程中，比例控制器只改变信号的增益而不影响其相位。在串联校正中，加大控制器增益 K_p，可以提高系统的开环增益，减少系统的稳态误差，从而提高系统的控制精度，但系统的相对稳定性下降，甚至可能造成闭环系统的不稳定。因此，在系统校正设计中，很少单独使用比例控制器。

必须指出，虽然工程上通常不单独使用比例控制器，但是比例控制的作用是必不可少的，否则会导致反馈控制系统不能按误差进行控制。这意味着无论是采用微分、积分控制，还是采用微分加积分控制，都必须是在比例控制的基础上附加进去的。

10.1.2 比例-积分(PI)控制器

具有比例-积分控制规律的控制器，简称为 PI 控制器，其系统结构如图 10-2 所示。在 PI 控制作用下，对误差信号 $e(t)$ 分别进行比例、积分运算，两个作用分量之和作为控制信号 $u(t)$ 输出给被控对象。

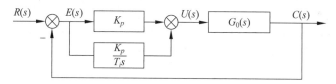

图 10-2 带有 PI 控制器的系统结构图

PI 控制器的控制规律为

$$u(t) = K_p e(t) + \frac{K_p}{T_i} \int_0^t e(t)\,dt \tag{10-2}$$

式中：K_p 为比例系数；T_i 是积分时间常数。

PI 控制器的传递函数为

$$G_c(s) = K_p \left(1 + \frac{1}{T_i s}\right) \tag{10-3}$$

在串联校正时，PI 控制器相当于在系统中增加了一个位于原点的开环极点，同时也增加了一个位于 s 平面左半平面的开环零点(负实零点)。位于原点的极点可以提高系统的型别，以消除或减少系统的稳态误差，改善系统的稳态性能，但稳定性会有所下降；而增加的负实零点则用来提高系统的阻尼程度,缓和 PI 控制器极点对系统稳定性产生的不利影响。只要积分时间常数(T_i)足够大,PI 控制器对系统稳定性的不利影响可大为减弱。在控制工程实践中,PI 控制器主要用来改善控制系统的稳态性能。

10.1.3 比例-微分(PD)控制器

具有比例-微分控制规律的控制器,简称为 PD 控制器,其系统结构如图 10-3 所示。在 PD 控制作用下,对误差信号 $e(t)$ 分别进行比例、微分运算,两个作用分量之和作为控制信号 $u(t)$ 输出给被控对象。

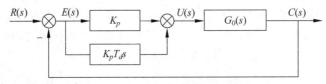

图 10-3 带有 PD 控制器的系统结构图

PD 控制器的控制规律为

$$u(t) = K_p e(t) + K_p T_d \frac{\mathrm{d}e(t)}{\mathrm{d}t} \tag{10-4}$$

式中:K_p 为比例系数;T_d 是微分时间常数。

PD 控制器的传递函数为

$$G_c(s) = K_p(1 + T_d s) \tag{10-5}$$

PD 控制器可以提供超前相角,使系统的相位裕度增大。由于微分控制反映误差信号的变化趋势,具有"预测"能力,因此它能在误差信号变化之前给出校正信号,防止系统出现过大的偏离和振荡,可以有效地改善系统的动态性能。

10.1.4 比例-积分-微分(PID)控制器

具有比例-积分-微分控制规律的控制器,简称为 PID 控制器,其系统结构如图 10-4 所示。

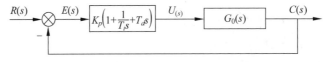

图 10-4 带有 PID 控制器的系统结构图

PID 控制器的控制规律为

$$u(t) = K_p e(t) + \frac{K_p}{T_i} \int_0^t e(t) \mathrm{d}t + K_p T_d \frac{\mathrm{d}e(t)}{\mathrm{d}t} \tag{10-6}$$

PID 控制器的传递函数为

$$G_c(s) = K_p \left(1 + \frac{1}{T_i s} + T_d s \right) \tag{10-7}$$

PID 控制器有滞后-超前校正的功能。在低频段,PID 控制器通过积分控制作用,提高了系统的无差度,改善了系统的稳态性能;在中频段,PID 控制器通过微分控制作用,幅值穿越频率增大,系统的过渡过程时间缩短,快速性提高,相位裕度增大,系统稳定性提高,有效地提高了系统的动态性能。因此,PID 控制器可以全面提高系统的性能。

10.2   PID 控制器的设计与校正

10.2.1   基于 Simulink 的设计与校正

PID 控制器仿真框图如图 10-5 所示。

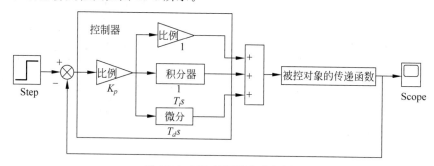

图 10-5   PID 控制器仿真框图

1. 不同比例系数控制仿真

增大比例系数(K_p)一般将加快系统的响应,并有利于减小稳态误差,但是过大的比例系数会使系统有比较大的超调量,并产生振荡,使稳定性变坏。例如,设被控对象的传递函数为

$$G(s) = \frac{1}{s^2 + 0.4s + 1}$$

输入阶跃信号,选取 $K_p = 1.4, 2.4, 3.4$,控制系统仿真框图如图 10-6 所示,阶跃响应曲线如图 10-7 所示。

结论:系统的超调量会随着 K_p 的增大而增大,K_p 偏大时,系统振荡次数增多,幅度增大,且调节时间加长。

2. 不同积分系数控制仿真

增大积分系数(即积分时间常数,T_i)有利于减小超调量和稳态误差,但是系统稳态误差消除时间会变长。例如,设被控对象传递函数为

$$G(s) = \frac{1}{3s^2 + 4s + 1}$$

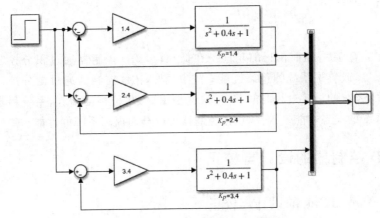

图 10-6　不同比例系数控制仿真框图

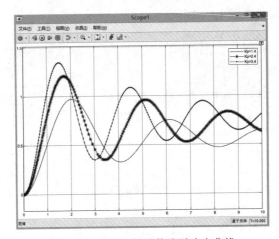

图 10-7　不同比例系数阶跃响应曲线

输入阶跃信号,选取 $T_i = 1, 5, 15$,控制系统仿真框图如图 10-8 所示,阶跃响应曲线如图 10-9 所示。

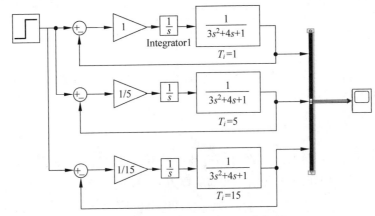

图 10-8　不同积分系数控制仿真框图

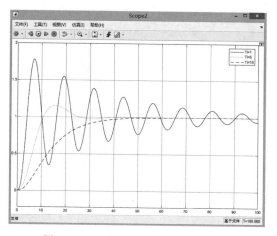

图 10-9　不同积分系数阶跃响应曲线

结论：系统的超调量会随着 T_i 的增大而减小,系统的响应速度随着 T_i 的增大会略微变慢。

3. 不同微分系数控制仿真

增大微分系数(即微分时间常数, T_d)有利于加快系统的响应速度,使系统超调量减小,稳定性加强,但系统对扰动的抑制能力减弱。例如,设被控对象的传递函数为

$$G(s) = \frac{1}{3s^2 + 4s + 1}$$

输入阶跃信号,选取 $T_d = 1, 5, 15$,控制系统仿真框图如图 10-10 所示,阶跃响应曲线如图 10-11 所示。

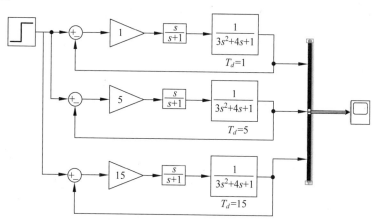

图 10-10　不同微分系数控制仿真框图

结论：增大 T_d 有利于加快系统的响应速度,使系统超调量变小,稳定性增加,但系统对干扰的抑制能力将会减弱。

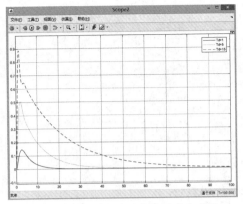

图 10-11   不同微分系数阶跃响应曲线

【例 10-1】   已知系统的传递函数为

$$G(s) = \frac{100}{s^2 + 4s + 100}$$

试用试凑法调整 PID 控制器参数,要求超调量小于 5%,稳态时间小于 1s,稳态误差为零。
(1) 原系统的阶跃响应曲线如图 10-12 所示。
程序代码:

```
num = 100;
den = [1 4 100];
step(num,den)
```

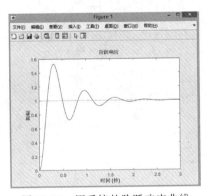

图 10-12   原系统的阶跃响应曲线

可以看出,原系统的超调量为 53%,调节时间为 1.37s,需要进行校正以满足设计要求。
(2) 根据多次试凑,设 $K_p = 2.3$、$T_i = 1$、$T_d = 0.5$,系统的仿真框图及阶跃响应曲线如图 10-13 所示。
从该组参数的校正结果可以看出,系统的超调量为 1.2%,在稳态误差 5% 范围内,调节时间约为 1.27s,明显看到了试凑 PID 参数的调整效果。
(3) 进一步调整 PID 控制器参数,设 $K_p = 5$、$T_i = 2$、$T_d = 0.1$,系统的仿真框图及阶跃响应曲线如图 10-14 所示。

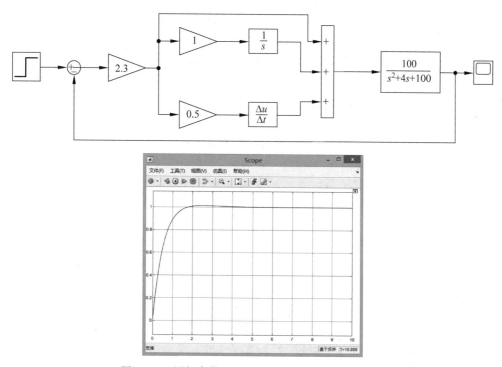

图 10-13　添加参数后系统仿真框图及阶跃响应曲线

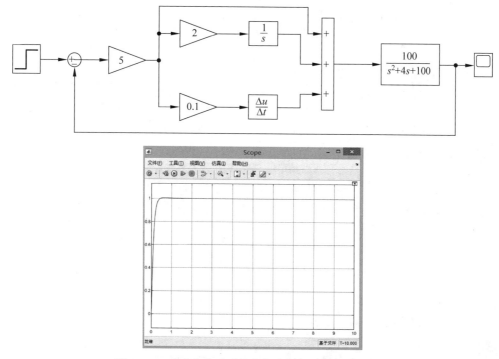

图 10-14　改变参数后系统的仿真框图及阶跃响应曲线

改变 PID 参数后,系统的超调量为 0.5%,在稳态误差 5% 范围内,调节时间小于 $0.28s$,快速性得到了提高,满足设计要求。

结论:对标准的二阶系统来说,采用试凑法调整 PID 参数可以得到较好控制效果。

10.2.2 基于 MATLAB 的设计与校正

本节就比例控制器、比例-积分控制器、比例-微分控制器和比例-积分-微分控制器进行设计和校正。下面以例题为例分别介绍。

【例 10-2】 设单位负反馈控制系统的结构如图 10-1 所示,其中 $G_0(s)$ 为三阶对象模型,即

$$G_0(s) = \frac{1}{(s+1)(2s+1)(3s+1)}$$

对系统采用比例控制,选取 $K_p = 0.1, 2.0, 2.5, 3.0, 3.5$,试求各比例系数下系统的单位阶跃响应,并绘制响应曲线。

程序代码:

```
num = 1;
den = conv(conv([1 1],[2 1]),[3 1]);
G0 = tf(num,den);
Kp = [0.1 2.0 2.5 3.0 3.5];
for i = 1:5
G = feedback(Kp(i) * G0,1);
step(G);
hold on;
end
gtext('Kp = 0.1');
gtext('Kp = 2.0');
gtext('Kp = 2.5');
gtext('Kp = 3.0');
gtext('Kp = 3.5');
```

运行程序,效果如图 10-15 所示。

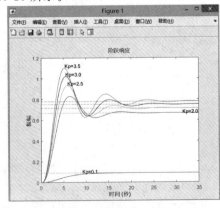

图 10-15 比例控制的阶跃响应曲线

由图 10-15 可以看出，随着 K_p 值的增大，系统响应速度加快，系统的超调随之增加，调节时间也随之增长。但 K_p 增大到一定值后，闭环系统将趋于不稳定。

【例 10-3】 设系统的结构如图 10-3 所示，其中，受控对象 $G_0(s) = \dfrac{1}{s^2}$。对系统使用比例-微分控制器 $G_c(s) = K_p(1 + T_d s)$，观察其控制效果。

分析：令 K_p 为恒值等于 8，改变 T_d 的值，令 $T_d = 0.1, 0.3, 1$，观察系统的响应输出。

程序代码：

```
Kp = 8;
den = [1 0 0];
Td = [0.1 0.3 1];
figure;
for i = 1:3
  G = tf([Kp * Td(i),Kp],den);
  step(feedback(G,1));
  hold on;
  end
  hold off;
gtext('Td = 0.1');
gtext('Td = 0.3');
gtext('Td = 1');
```

运行程序，效果如图 10-16 所示。

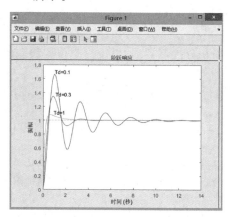

图 10-16 比例-微分控制阶跃曲线

观察使用比例-微分控制前、后系统的根轨迹图。

程序代码：

```
den = [1 0 0];
rlocus(1,den);                        %原系统的根轨迹
title('校正前系统的根轨迹');
figure;
num1 = [0.8 0.1];                     %Td = 0.1
den1 = [1 0 0];
```

```
rlocus(num1,den1);                           % 加比例 - 微分控制后的根轨迹
title('校正后系统的根轨迹,Td = 0.1');
```

运行程序,效果如图 10-17 及图 10-18 所示。

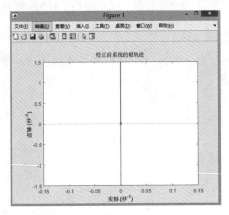
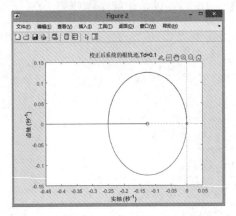

图 10-17　原系统的根轨迹图　　　图 10-18　系统加比例-微分控制后的根轨迹图

由图 10-17 可见,系统是不稳定的。如果单独采用比例环节作用于受控对象,将无法使系统稳定。而当采用比例-微分控制器后,系统开环传递函数相当于在负实轴上增加了零点(见图 10-18),使系统变得稳定,并随着 T_d 的改变,进一步提高系统的相对稳定性。

【例 10-4】　设系统的结构如图 10-19 所示,其中,受控对象 $G_0(s) = \dfrac{1}{3s+1}$。使用积分控制器 $G_c(s) = \dfrac{1}{s}$,观察施加积分控制器后,系统静态位置误差的改变。如果受控对象改为 $G_0(s) = \dfrac{1}{s(3s+1)}$,分析使用积分控制器 $G_c(s) = \dfrac{1}{s}$ 是否可以消除系统静态速度误差。

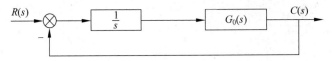

图 10-19　使用积分控制器的系统结构图

(1) 当受控对象为 $G_0(s) = \dfrac{1}{3s+1}$ 时,系统加积分控制器前、后的阶跃响应如下。

程序代码:

```
num1 = 1;
den1 = [ 3 1];
G01 = tf(num1,den1);                         % 原系统的开环传递函数
step(feedback(G01,1));                        % 求原系统的阶跃响应
title('1/(3s + 1)未加控制前的响应曲线');
grid on;
Gc1 = tf(1,[1 0]);                            % 积分控制器
figure;
```

```
step(feedback(Gc1 * G01,1));                    % 加积分控制器后的开环传递函数
title('1/(3s + 1)加积分控制后的响应曲线');
grid on;
```

运行程序,效果如图 10-20 及图 10-21 所示。

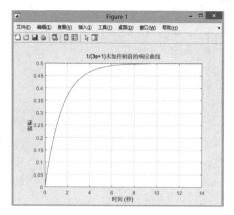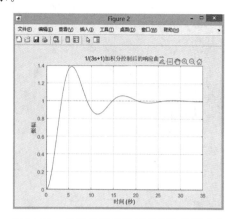

图 10-20　原系统的阶跃响应曲线　　　　图 10-21　加积分控制器后的系统阶跃响应

(2) 当受控对象为 $G_0(s) = \dfrac{1}{s(3s+1)}$ 时,系统加积分控制器前、后的阶跃响应如下。

程序代码:

```
num2 = 1;
den1 = [3 1 0];
G02 = tf(num1,den1);                            % 原系统的开环传递函数
[num3,den3] = tfdat(feedback(G02,1),'v');       % 获取原系统闭环传递函数的分子、分母,v 表
                                                % 示想获得的数值

t = 0:0.1:10;
y = step(num3,[den3,0],t);                      % 原系统单位斜坡响应参数
plot(t,y,'ko',t,t);                             % 同时绘制系统单位斜坡响应和单位斜坡
title('1/(3s + 1)的单位斜坡响应曲线');
xlabel('\itt\rm/s');                            % \it 表示斜体;\rm 表示标准形式
ylabel('\ity,t');
grid on;
Gc2 = tf(1,[1 0]);                              % 积分控制器
figure;
step(feedback(Gc2 * G02,1),5 * t);              % 加积分控制器后的单位阶跃响应
title('1/(3s + 1)加积分控制后的单位阶跃响应曲线');
grid on;
```

运行程序,效果如图 10-22 及图 10-23 所示。

原系统 $G_0(s) = \dfrac{1}{3s+1}$ 的静态位置误差系数为

```
>> Kp = dcgain(num1,den1)
```

结果:

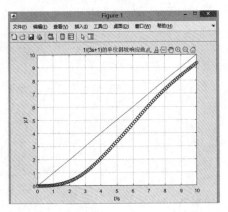

图 10-22　原系统的单位斜坡输入及单位斜坡响应

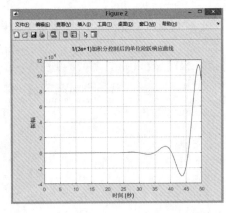

图 10-23　加积分控制器后的单位阶跃响应

```
Kp =
1
```

则静态位置误差为 $\dfrac{1}{1+K_p}=0.5$，增加积分控制后系统仍然稳定，其静态位置误差为 0，从而达到了消除静态位置误差的目的。

原系统 $G_0(s)=\dfrac{1}{s(3s+1)}$ 的静态速度误差系数为

```
>> Kv = dcgain([num2,0],den2)
```

结果：

```
Kv =
1
```

则静态速度误差为 $\dfrac{1}{K_v}=1$。在加积分控制后，系统已变得不稳定，更无从消除稳态误差。

总之，积分控制给系统增加了积分环节，增加了系统的型别。因此，积分控制可以改善系统的稳态性能，但对已经串联积分环节的系统，再增加积分环节可能使系统变得不稳定。

【例 10-5】 设系统的结构如图 10-2 所示。受控对象 $G_0(s)=\dfrac{1}{3s+1}$，使用比例-积分控制器，$G_c(s)=K_p\left(1+\dfrac{1}{T_i s}\right)$，观察施加比例-积分控制器后的控制效果。

分析：令 K_p 为恒值等于 1，改变 T_i 的值，令 $T_i=10,1.3,0.5$，观察系统的响应输出。
程序代码：

```
Kp = 1;
Ti = [10 1.3 0.5];
num = 1;
den = [3 1];
G0 = tf(num,den);              % 受控对象
```

```
for i = 1:3
  Gc = tf([Kp * Ti(i) Kp],[Ti(i) 0]);          % 比例-积分控制器传递函数
  G = G0 * Gc;                                  % 开环传递函数
  step(feedback(G,1));
  hold on;
end
hold off;
gtext('Ti = 10');
gtext('Ti = 1.3');
gtext('Ti = 0.5');
grid;
```

运行程序，效果如图 10-24 所示。

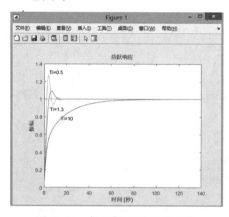

图 10-24　加比例-积分控制曲线

比例积分控制器在给定系统增加一个极点的同时，也增加了一个位于负实轴的零点 $z = -\dfrac{1}{T_i}$。与原系统相比，比例积分控制器的加入，提高了系统的型别，有利于消除系统的稳态误差。T_i 的改变影响着积分作用的强弱，如图 10-24 所示。积分作用太强（T_i 越小）会使系统超调加大，甚至使系统出现振荡。实际应用中，比例-积分控制主要用来改善系统的稳态性能。

本章习题

1. 已知某直流电动机速度控制系统如图 10-25 所示。采用 PID 控制方案，使用期望特性法来确定参数 K_p、K_i 和 K_d。建立该系统的 Simulink 模型，观察其单位阶跃响应曲线，并且分析上述 3 个参数分别对控制性能的影响。

2. 已知钢铁厂车间加热炉传递函数与温度传感器及其变送器的传递函数模型分别为

$$G_{01}(s) = \frac{9.9}{120s + 1}, \quad G_{02}(s) = \frac{0.107}{10s + 1}$$

设定控制所用的 PID 调节器传递函数为

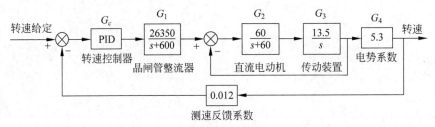

图 10-25　直流电动机速度控制系统

$$G_c(s) = \frac{9286s^2 + 240s + 1}{521s^2 + 145s}$$

试对系统的 PID 控制进行分析、设计和仿真。

3. 已知某控制系统的结构如图 10-26 所示，其中被控对象的传递函数为

$$G(s) = \frac{40000000}{s(s+250)(s^2 + 40s + 90000)}$$

设计校正装置 $C(s)$，使闭环系统的单位阶跃响应满足下列指标：

（1）调节时间不大于 0.05s（误差范围为 ±2%）；

（2）超调量不大于 5%。

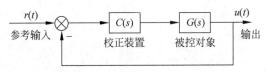

图 10-26　系统结构框图

参 考 文 献

[1] 姜增如.MATLAB 在自动化工程中的应用[M].北京：机械工业出版社,2018.

[2] 张聚.基于 MATLAB 的控制系统仿真与应用[M].北京：电子工业出版社,2018.

[3] 邓奋发.MATLAB R2016a 控制系统仿真与设计[M].北京：电子工业出版社,2018.

[4] 徐国保,赵黎明,吴凡,等.MATLAB/Simulink 使用教程[M].北京：清华大学出版社,2017.

[5] 魏鑫.MATLAB R2016a 从入门到精通[M].北京：电子工业出版社,2021.

[6] 刘洪锦,高强.自动控制理论实践教程[M].北京：电子工业出版社,2018.

[7] 汪宁,郭西进.MATLAB 与控制理论实验教程[M].北京：机械工业出版社,2011.

[8] 刘浩,韩晶.MATLAB R2020a 完全自学一本通[M].北京：电子工业出版社,2020.

[9] 张涛,齐永奇,李恒灿.MATLAB 基础与应用教程[M].北京：机械工业出版社,2017.

[10] 王健,赵国生,宋一兵.MATLAB 建模与仿真实用教程[M].北京：机械工业出版社,2018.

[11] 曹弋.MATLAB 教程及实训[M].北京：机械工业出版社,2014.

[12] 贺超英.MATLAB 应用与实验教程[M].北京：电子工业出版社,2017.

[13] 刘剑,袁帅,张凤.控制系统 MATLAB 仿真与应用[M].北京：机械工业出版社,2017.

[14] 付华,屠乃威,徐耀松.计算机仿真技术[M].北京：电子工业出版社,2017.

[15] 周振超,王立红,李润生,等.自动控制原理[M].北京：电子工业出版社,2022.